计算机网络
安全理论与实践研究

张国防　著

吉林科学技术出版社

图书在版编目（CIP）数据

计算机网络安全理论与实践研究 / 张国防著 . -- 长春：吉林科学技术出版社，2020.11
ISBN 978-7-5578-7895-5

Ⅰ . ①计… Ⅱ . ①张… Ⅲ . ①计算机网络－网络安全
Ⅳ . ① TP393.08

中国版本图书馆 CIP 数据核字 (2020) 第 220101 号

计算机网络安全理论与实践研究

著　　者	张国防
出 版 人	宛　霞
责任编辑	汪雪君
封面设计	薛一婷
制　　版	长春美印图文设计有限公司
开　　本	16
字　　数	210 千字
印　　张	9.5
版　　次	2020 年 11 月第 1 版
印　　次	2020 年 11 月第 1 次印刷
出　　版	吉林科学技术出版社
发　　行	吉林科学技术出版社
地　　址	长春净月高新区福祉大路 5788 号出版大厦 A 座
邮　　编	130118

发行部电话 / 传真　0431—81629529　　81629530　　81629531
　　　　　　　　　　　 81629532　　81629533　　81629534

储运部电话　0431—86059116

编辑部电话　0431—81629520

印　　刷　北京宝莲鸿图科技有限公司

书　　号　ISBN 978-7-5578-7895-5

定　　价　40.00 元

前　言

　　计算机网络的发展能够提升工作效率，为人们的生活带来便利。然而，任何事物都具有两面性，计算机网络将等众多信息暴露在网络中，如果不采取防范措施，这些信息可能会被不法分子利用，进而影响到人们的工作与生活，更有甚者会对人们的生命安全造成威胁。鉴于此本书研究了计算机网络安全的现状以及防范措施。

　　计算机网络本身存在各种各样的种类以及型号，不同的种类与型号质量不相同，安全性也有所不同。比如，市面上有许多电脑品牌，不同品牌电脑硬件与软件或多或少都存在一些缺陷，只是程度有所区别，在这种情况下计算机网络安全风险是随时存在的。此外人们在使用计算机的过程中会利用网络下载一些软件，各类软件来源于不同的途径，其自身是否安全更是无从鉴定。在计算机网络本就存在缺陷的情况下，外来软件的下载与安装使得计算机网络的安全风险增大。

　　随着计算机网络在现实生活中的应用普及，大部分人都学会了正确操作计算机网络的方法。然而有部分新手在操作计算机网络时，由于操作技术有误，使得计算机网络的安全风险升高。比如，不小心打开了病毒网页致使电脑系统瘫痪，或者不小心将重要的资源文件上传到公共平台，这些都有可能引起计算机网络安全问题。随着大数据时代的来临，人们的各类私人信息以及工作的重要档案都存放在网络平台，使用者如果操作不当可能使得系统安全屏障被破坏，进而给生活和工作造成巨大损失。

　　随着计算机网络的发展，网络信息变得更加多元化，防火墙以及杀毒软件防范违法入侵的难度随之提升。此外随着网络技术的发展，出现了一大批精通网络技术的黑客，他们对计算机网络的安全造成了严重的威胁。各类病毒也在这样的网络环境下发展迅速，它们的隐藏性变高、传染性变广、潜伏期变长、形式也更加多样化。黑客与网络病毒的攻击让人们防不胜防，一旦遭受攻击会使得病毒在计算机系统中不断蔓延，致使计算机程序受到破坏，重要信息失窃或破损，给计算机网络使用者造成严重的损失。

目　录

第一章　计算机前沿理论研究

第一节　计算机理论中的毕达哥拉斯主义

现代计算机理论源于古希腊毕达哥拉斯主义和柏拉图主义，是毕达哥拉斯数学自然观的产物。计算机结构体现了数学助发现原则，现代计算机模型体现了形式化、抽象性原则。自动机的数学、逻辑理论都是寻求计算机背后的数学核心顽强努力的结果。

现代计算机理论不仅包含计算机的逻辑设计，还包含后来的自动机理论的总体构想与模型（自动机是一种理想的计算模型，即一种理论计算机，通常它不是指一台实际运作的计算机，但是按照自动机模型，可以制造出实际运作的计算机）。现代计算机理论是高度数字化、逻辑化的。如果探究现代计算机理论思想的哲学方法论源泉，我们可以发现，它是源于古希腊毕达哥拉斯主义和柏拉图主义的，是毕达哥拉斯数学自然观的产物，下面我将对此做些探讨。

一、毕达哥拉斯主义的特点

毕达哥拉斯主义是由毕达哥拉斯学派所创导的数学自然观的代名词。数学自然观的基本理念是"数乃万物之本原"。具体地说，毕达哥拉斯主义者认为："'数学和谐性'是关于宇宙基本结构的知识的本质核心，在我们周围自然界那种富有意义的秩序中，必须从自然规律的数学核心中寻找它的根源。换句话说，在探索自然定律的过程中，'数学和谐性'是有力的启发性原则。"

毕达哥拉斯主义的内核是唯有通过数和形才能把握宇宙的本性。毕达哥拉斯的弟子菲洛劳斯说过："一切可能知道的事物，都具有数，因为没有数而想象或了解任何事物是不可能的。"毕达哥拉斯学派把适合于现象的抽象的数学上的关系，当作事物何以如此的解释，即从自然现象中抽取现象之间和谐的数学关系。"数学和谐性"假说具有重要的方法论意义和价值。因此，"如果和谐的宇宙是由数构成的，那么，自然的和谐就是数的和谐，自然的秩序就是数的秩序"。

这种观念令后世科学家不懈地去发现自然现象背后的数量秩序，不仅对自然规律做出定性描述，还做出定量描述，取得了一次次重大的成功。

柏拉图发展了毕达哥拉斯主义的数学自然观。在《蒂迈欧篇》中，柏拉图描述了由几何和谐组成的宇宙图景，他试图表明，科学理论只有建立在数量的几何框架上，才能揭示瞬息万变的现象背后永恒的结构和关系。柏拉图认为自然哲学的首要任务，在于探索隐藏在自然现象背后的可以用数和形来表征的自然规律。

二、现代计算机结构是数学启发性原则的产物

1945 年，题为《关于离散变量自动电子计算机的草案》（EDVAC）的报告具体地介绍了制造电子计算机和程序设计的新思想。1946 年 7、8 月间，冯·诺伊曼和赫尔曼·戈德斯汀、亚瑟·勃克斯在 EDVAC 方案的基础上，为普林斯顿大学高级研究所研制 IAS 计算机时，又提出了一个更加完善的设计报告——《电子计算机逻辑设计初探》。以上两份既有理论又有具体设计的文件，首次在世界上掀起了一股"计算机热潮"，它们的综合设计思想标志着现代电子计算机时代的真正开始。

这两份报告确定了现代电子计算机的范式由以下几部分构成：①运算器；②控制器；③存储器；④输入；⑤输出。就计算机逻辑设计上的贡献，第一台计算机 ENIAC 研究小组组织者戈德斯汀曾这样写道："就我所知，冯·诺伊曼是第一个把计算机的本质理解为是行使逻辑功能，而电路只是辅助设施的人。他不仅是这样理解的，而且详细精确地研究了这两个方面的作用以及相互的影响。"

计算机逻辑结构的提出与冯·诺伊曼把数学和谐性、逻辑简单性看作是一种重要的启发原则是分不开的。在 20 世纪 30-40 年代，申农的信息工程、图灵的理想计算机理论、匈牙利物理学家奥特维对人脑的研究以及麦卡洛克 - 皮茨的论文《神经活动中思想内在性的逻辑演算》引发了冯·诺伊曼对信息处理理论的兴趣，他关于计算机的逻辑设计的思想深受麦卡洛克和皮茨的启发。

1943 年麦卡洛克 - 皮茨《神经活动中思想内在性的逻辑演算》一文发表后，他们把数学规则应用于大脑信息过程的研究给冯·诺伊曼留下了深刻的印象。该论文用麦卡洛克在早期对精神粒子研究中发展出来的公理规则，以及皮茨从卡尔纳普的逻辑演算和罗素、怀特海《数学原理》发展出来的逻辑框架，表征了神经网络的一种简单的逻辑演算方法。他们的工作使冯·诺伊曼看到了将人脑信息过程数学定律化的潜在可能。"当麦卡洛克和皮茨继续发展他们的思想时，冯·诺伊曼开始沿着自己的方向独立研究，使他们的思想成为其自动机逻辑理论的基础"。

在《控制与信息严格理论》（*Rigorous Theories of Control and Information*）一文的开头部分，冯·诺伊曼讨论了麦卡洛克 - 皮茨《神经活动中思想内在性的逻辑演算》以及图灵在通用计算机上的工作，认为这些想象的机器都是与形式逻辑共存的，也就是说，自动机所能做的都可以用逻辑语言来描述，反之，所有能用逻辑语言严格描述的也可以由自动机来做。他认为麦卡洛克 - 皮茨是用一种简单的数学逻辑模型来讨论人的神经系统，而不是局限于神经元真实的生物与化学性质的复杂性。相反，神经元被当作一个"黑箱"，只研究它们输入、输出讯号的数学规则以及神经元网络结合起来进行运算、学习、存储信息、执行其他信息的过程任务。冯·诺伊曼认为麦卡洛克 - 皮茨运用了数学中公理化方法，是

对理想细胞而不是真实的细胞做出研究，前者比后者更简洁，理想细胞具有真实细胞的最本质特征。

在冯·诺伊曼1945年有关EDVAC机的设计方案中，所描述的存储程序计算机便是由麦卡洛克和皮茨设想的"神经元"（neurons）所构成，而不是从真空管、继电器或机械开关等常规元件开始。受麦卡洛克和皮茨理想化神经元逻辑设计的启发，冯·诺伊曼设计了一种理想化的开关延迟元件。这种理想化计算元件的使用有以下两个作用：①它能使设计者把计算机的逻辑设计与电路设计分开。在ENIAC的设计中，设计者们也提出过逻辑设计的规则，但是这些规则与电路设计规则相互联系、相互纠结。有了这种理想化的计算元件，设计者就能把计算机的纯逻辑要求（如存储和真值函项的要求）与技术状况（材料和元件的物理局限等）所提出的要求区分开来考虑。②理想化计算元件的使用也为自动机理论的建立奠定了基础。理想化元件的设计可以借助数理逻辑的严密手段来实现，能够抽象化、理想化。

冯·诺伊曼的朋友兼合作者乌拉姆也曾这样描述他："冯·诺伊曼是不同的。他也有几种十分独特的技巧，（很少有人能具有多于2、3种的技巧。）其中包括线性算子的符号操作。他也有一种对逻辑结构和新数学理论的构架、组合超结构的，捉摸不定的'普遍意义下'的感觉。在很久以后，当他变得对自动机的可能性理论感兴趣时，当他着手研究电子计算机的概念和结构时，这些东西被派了用处。"

三、自动机模型中体现的抽象化原则

现代自动机模型也体现了毕达哥拉斯主义的抽象性原则。在《自动机理论：构造、自繁殖、齐一性》（The Theory of Automata：construction，Reproduction，Homogenenity，1952—1953）这部著作中，计算机研究者们提出了对自动机的总体设想与模型，一共设想了五种自动机模型：动力模型（kinematic model）、元胞模型（cellular model）、兴奋——阈值——疲劳模型（excitation-threshhold-fatigue）、连续模型（continuous model）和概率模型（probabilistic model）。为了后面的分析，我们先简要地介绍这五个模型。

第一个模型是动力模型。动力模型处理运动、接触、定位、融合、切割、几何动力问题，但不考虑力和能量。动力模型最基本的成分是：储存信息的逻辑（开关）元素与记忆（延迟）元素、提供结构稳定性的梁（girder）、感知环境中物体的感觉元素、使物体运动的动力元素、连接和切割元素。这类自动机有八个组

成部分：刺激器官、共生器官（coincidence organ）、抑制器官（inhibitory organ）、刺激生产者、刚性成员（rigid members）、融合器官（fusing organ）、切割器官（cutting organ）、肌肉。其中四个部分用来完成逻辑与信息处理过程：刺激器官接受并传输刺激，它分开接受刺激，即实现"p或q"的真值；共生器官实现"p和q"的真值；抑制器官实现"p和劢q"的真值；刺激生产者提供刺激源。刚性成员为建构自动机提供刚性框架，它们不传递刺激，可以与同类成员相连接，也可以与非刚性成员相连接，这些连接由融合器官来完成。当这些器官被刺激时，融合器官把它们连接在一起，这些连接可以被切割器官切断。

第八个部分是肌肉，用来产生动力。

第二个模型是元胞模型。在该模型中，空间被分解为一个个元胞，每个元胞包含同样的有限自动机。冯·诺伊曼把这些空间称之为"晶体规则"（crystalline regularity）、"晶体媒介"（crystalline medium）、"颗粒结构"（granular structure）以及"元胞结构"（cellular structure）。对于自繁殖（self-reproduction）的元胞结构形式，冯·诺伊曼选择了正方形的元胞无限排列形式。每个元胞拥有 29 态有限自动机。每个元胞直接与它的四个相邻元胞以延迟一个单位时间交流信息，它们的活动由转换规则来描述（或控制）。29 态包含 16 个传输态（transmission state）、4 个合流态（confluent state）、1 个非兴奋态、8 个感知态。

第三个模型是兴奋——阈值——疲劳模型，它建立在元胞模型的基础上。元胞模型的每个元胞拥有 29 态，冯·诺伊曼模拟神经元胞拥有疲劳和阈值机制来构造 29 态自动机，因为疲劳在神经元胞的运作中起了重要的作用。兴奋——阈值——疲劳模型比元胞模型更接近真正的神经系统。一个理想的兴奋——阈值——疲劳神经元胞有指定的开始期及不应期。不应期分为两个部分：绝对不应期和相对不应期。如果一个神经元胞不是疲劳的，当激活输入值等于或超过其临界点时，它将变得兴奋。当神经元胞兴奋时，将发生两种状况：①在一定的延迟后发出输出信号、不应期开始，神经元胞在绝对不应期内不能变得兴奋；②当且仅当激活输入数等于或超过临界点，神经元胞在相对不应期内可以变得兴奋。当兴奋——阈值——疲劳神经元胞变得兴奋时，必须记住不应期的时间长度，用这个信息去阻止输入刺激对自身的平常影响。于是这类神经元胞并用开关、延迟输出、内在记忆以及反馈信号来控制输入讯号，这样的装置实际上就是一台有限自动机。

第四个模型是连续模型。连续模型以离散系统开始，以连续系统继续，先发展自增殖的元胞模型，然后划归为兴奋——阈值——疲劳模型，最后用非线性偏微分方程来描述它。自繁殖的自动机的设计与这些偏微分方程的边际条件相对应。他的连续模型与元胞模型的区别就像模拟计算机与数字计算机的区别一样，模拟计算机是连续系统，而数字计算机是离散系统。

第五个模型是概率模型。研究者们认为自动机在各种态（state）上的转换是概率的而不是决定的。在转换过程有产生错误的概率，发生变异，机器运算的精确性将降低。《概率逻辑与从不可靠元件到可靠组织的综合》一文探讨了概率自动机，探讨了在自动机合成中逻辑错误所起的作用。"对待错误，不是把它当作是额外的、由于误导而产生的事故，而是把它当作思考过程中的一个基本部分，在合成计算机中，它的重要性与对正确的逻辑结构的思考一样重要"。

从以上自动机理论中可以看出，冯·诺伊曼对自动机的研究是从逻辑和统计数学的角度切入，而非心理学和生理学。他既关注自动机构造问题，也关注逻辑问题，始终把心理学、生理学与现代逻辑学相结合，注重理论的形式化与抽象化。《自动机理论：建造、自繁殖、齐一性》开头第一句话就这样写道："自动机的形式化研究是逻辑学、信息论以及心理学研究的课题。单独从以上某个领域来看都不是完整的。所以要形成正确的自动机理论必须从以上三个学科领域吸收其思想观念。"他对自然自动机和人工自动机运行的研究，都为自动机理论的形式化、抽象化部分提供了经验素材。

冯·诺伊曼在提出动力学模型后，对这个模型并不满意，因为该模型仍然是以具体的原材料的吸收为前提，这使得详细阐明元件的组装规则、自动机与环境之间的相互作用以及机器运动的很多精确的简单规则变得非常困难，这让冯·诺伊曼感到，该模型没有把过程的逻辑形式和过程的物质结构很好地区分开来。作为一个数学家，冯·诺伊曼想要的是完全形式化的抽象理论，他与著名的数学家乌拉姆探讨了这些问题，乌拉姆建议他从元胞的角度来考虑。冯·诺伊曼接受了乌拉姆的建议，于是建立了元胞自动机模型。该模型既简单抽象，又可以进行数学分析，很符合冯·诺伊曼的意愿。

冯·诺伊曼是第一个把注意力从研究计算机、自动机的机械制造转移到逻辑形式上的计算机专家，他用数学和逻辑的方法揭示了生命的本质方面——自繁殖机制。在元胞自动机理论中，他还研究了自繁殖的逻辑，并天才地预见到，自繁殖自动机的逻辑结构在活细胞中也存在，这都体现了毕达哥拉斯主义的数学理性。冯·诺伊曼最先把图灵通用计算机概念扩展到自繁殖自动机，他的元胞自动机模型，把活的有机体设想为自繁殖网络并第一次提出为其建立数学模型，也体现了毕达哥拉斯主义通过数和形来把握事物特征的思想。

四、自动机背后的数学和谐性追求

自动机的研究工作基于古老的毕达哥拉斯主义的信念——追求数学和谐性。冯·诺伊曼在早期的计算机逻辑和程序设计的工作中，就认识到数理逻辑将在新的自动机理论中起着非常重要的作用，即自动机需要恰当的数学理论。他在研究自动机理论时，注意到了数理逻辑与自动机之间的联系。从上面关于自动机理论的介绍中可以看出，他的第一个自增殖模型是离散的，后来又提出了一个连续模型和概率模型。从自动机背后的数学理论中可以看出，讨论重点是从离散数学逐渐转移到连续数学，在讨论了数理逻辑之后，转而讨论了概率逻辑，这都体现了研究者对自动机背后数学和谐性的追求。

在冯·诺伊曼撰写关于自动机理论时，他对数理逻辑与自动机的紧密关系已非常了解。库尔特·哥德尔通过表明逻辑的最基本的概念（如合式公式、公理、推理规则、证明）在本质上是递归的，他把数理逻辑还原为计算理论，认为递归函数是能在图灵机上进行计算的函数，所以可以从自动机的角度来看待数理逻辑。反过来，数理逻辑亦可用于自动机的分析和综合。自动机的逻辑结构能用理想的开关——延迟元件来表示，然后翻译成逻辑符号。不过，冯·诺伊曼感觉到，自动机的数学与逻辑的数学在形式特点上是有所不同的。他认为现存的数理逻辑虽然有用，但对于自动机理论来说是不够的。他相信一种新的自动机逻辑理论将兴起，它与概率理论、热力学和信息理论非常类似并有着紧密的联系。

20世纪40年代晚期，冯·诺伊曼在美国加州帕赛迪纳的海克森研讨班上做了一系列演讲，演讲的题目是《自动机的一般逻辑理论》，这些演讲对自动机数学逻辑理论做了探讨。在1948年9月的专题研讨会上，冯·诺伊曼在宣读《自动机的一般逻辑理论》时说道："请大家原谅我出现在这里，因为我对这次会议的大部分领域来说是外行。甚至在有些经验的领域——自动机的逻辑与结构领域，我的关注也只是在一个方面，数学方面。我将要说的也只限于此。我或许可以给你们一些关于这些问题的数学方法。"

冯·诺伊曼认为在目前还没有真正拥有自动机理论，即恰当的数理逻辑理论，他对自动机的数学与现存的逻辑学做了比较，并提出了自动机新逻辑理论的特点，指出了缺乏恰当数学理论所造成的后果。

（一）自动机数学中使用分析数学方法，而形式逻辑是组合的

自动机数学中使用分析数学方法有方法论上的优点，而形式逻辑是组合的。"搞形式逻辑的人谁都会确认，从技术上讲，形式逻辑是数学上最难驾驭的部分之一。其原因在于，它处理严格的全有或全无概念，它与实数或复数的连续性概念没有什么联系，即与数学分析没有什么联系。而从技术上讲，分析是数学最成功、最精致的部分。因此，形式逻辑由于它的研究方法与数学的最成功部分的方法不同，因而只能成为数学领域的最难的部分，只能是组合的"。

冯·诺伊曼指出：比起过去和现在的形式逻辑（指数理逻辑）来，自动机数学的全有或全无性质很弱。它们组合性极少，分析性却较多。事实上，有大量迹象可使我们相信，这种新的形式逻辑系统（按：包含非经典逻辑的意味）接近于别的学科，这个学科过去与逻辑少有联系。也就是说，具有玻尔兹曼所提出的那种形式的热力学，它在某些方面非常接近于控制和测试信息的理论物理学部分，多半是分析的，而不是组合的。

（二）自动机逻辑理论是概率的，而数理逻辑是确定性的

冯·诺伊曼认为：在自动机理论中，有一个必须要解决好的主要问题，就是如何处理自动机出现故障的概率的问题，该问题是不能用通常的逻辑方法解决的，因为数理逻辑只能进行理想化的开关——延迟元件的确定性运算，而没有处理自动机故障的概率的逻辑。因此，在对自动机进行逻辑设计时，仅用数理逻辑是不够的，还必须使用概率逻辑，把概率逻辑作为自动机运算的重要部分。冯·诺伊曼还认为，在研究自动机的功能上，必须注意形式逻辑以前从没有出现的状况。既然自动机逻辑中包含故障出现的概率，那么我们就应该考虑运算量的大小。数理逻辑通常考虑的是，是不是能借助自动机在有穷步骤内完成运算，而不考虑运算量有多大。但是，从自动机出现故障的实际情况来看，运算步骤越多，出故障（或错误）的概率就越大。因此，在计算机的实际应用中，我们必须要关注计算量的大小。在冯·诺伊曼看来，计算量的理论和计算出错的可能性既涉及连续数学，又涉及离散数学。

"就整个现代逻辑而言，唯一重要的是一个结果是否在有限几个基本步骤内得到。而另一方面形式逻辑不关心这些步骤有多少。无论步骤数是大还是小，它不可能在有生的时间内完成，或在我们知道的星球宇宙设定的时间内不能完成，也没什么影响。在处理自动机时，这个状况必须做有意义的修改"。

就一台自动机而言，不仅在有限步骤内要达到特定的结果，而且还要知道这样的步骤需要多少步，这有两个原因：第一，自动机被制造是为了在某些提前安排的区间里达到某

些结果；第二，每个单独运算中，采用的元件的大小都有失败的可能性，而不是零概率。在比较长的运算链中，个体失败的概率加起来可以（如果不检测）达到一个单位量级——在这个量级点上它得到的结果完全不可靠。这里涉及的概率水平十分低，而且在一般技术经验领域内排除它也并不是遥不可及。如果一台高速计算机器处理一类运算，必须完成 10^{12} 单个运算，那么，可以接受的单个运算错误的概率必须小于 10^{-12}。如果每个单个运算的失败概率是 10^{-8} 量级，当前认为是可接受的，如果是 10^{-9} 就非常好。高速计算机器要求的可靠性更高，但实际可达到的可靠性与上面提及的最低要求相差甚远。

也就是说，自动机的逻辑在两个方面与现有的形式逻辑系统不同：

（1）"推理链"的实际长度，也就是说，要考虑运算的链。

（2）逻辑运算（三段论、合取、析取、否定等在自动机的术语里分别是门［gating］、共存、反——共存、中断等行为）必须被看作是容纳低概率错误（功能障碍）而不是零概率错误的过程。

所有这些，重新强调了前面所指的结论：我们需要一个详细的、高度数字化的、更典型、更具有分析性的自动机与信息理论。缺乏自动机逻辑理论是一个限制我们的重要因素。如果我们没有先进而且恰当的自动机和信息理论，我们就不可能建造出比我们现在熟知的自动机具有更高复杂性的机器，就不太可能产生更具有精确性的自动机。

以上是冯·诺伊曼对现代自动机理论数学、逻辑理论方法的探讨。他用数学和逻辑形式的方法揭示了自动机最本质的方面，为计算机科学特别是自动机理论奠定了数学、逻辑基础。总之，冯·诺伊曼对自动机数学的分析开始于数理逻辑，并逐渐转向分析数学，转向概率论，最后讨论了热力学。通过这种分析建立的自动机理论，能使我们把握复杂自动机的特征，特别是人的神经系统的特征。数学推理是由人的神经系统实施的，而数学推理借以进行的"初始"语言类似于自动机的初始语言。因此，自动机理论将影响逻辑和数学的基本概念，这是很有可能的。冯·诺伊曼说："我希望，对神经系统所作的更深入的数学研讨……将会影响我们对数学自身各个方面的理解。事实上，它将会改变我们对数学和逻辑学的固有的看法。"

现代计算机的逻辑结构以及自动机理论中对数学、逻辑的种种探讨，都是寻求计算机背后的数学核心的顽强努力。数学家发现原则以及逻辑简单性、形式化、抽象化原则都在计算机研究中得到了充分的应用，这都体现了毕达哥拉斯主义数学自然观的影响。

第二节　计算机软件的应用理论

随着时代的进步，科技的革新，我国在计算机领域已经取得了很大的成就，计算机网络技术的应用给人类社会的发展带来了巨大的革新，加速了现代化社会的构建速度。本节就"关于计算机软件的应用理论探讨"这一话题展开了一个深刻的探讨，详细阐述了计算机软件的应用理论，以此来强化我国计算机领域的技术人员对计算机软件工程项目创新与完善工作的重视程度，使得我国计算机领域可以正确对待关于计算机软件的应用理论研究探讨工作，从根本上掌握计算机软件的应用理论，进而增强他们对计算机软件应用理论的掌握程度，研究出新的计算机软件技术。

一、计算机软件工程

当今世界是一个趋于信息化发展的时代，计算机网络技术的不断进步在很大程度上影响着人类的生活。计算机在未来的发展中将会更加趋于智能化发展，智能化社会的构建将会给人们带来很多新的体验。而计算机软件工程作为计算机技术中比较重要的一个环节，肩负着重大的技术革新使命，目前，计算机软件工程技术已经在我国的诸多领域中得到了应用，并发挥了巨大的作用，该技术工程的社会效益和经济效益的不断提高将会从根本上促进我国总体的经济发展水平的提升。总的来说，我国之所以要开展计算机软件工程管理项目，其根本原因在于给计算机软件工程的发展提供一个更为坚固的保障。计算机软件工程的管理工作同社会上的其他项目管理工作具有较大的差别，一般的项目工程的管理工作的执行对管理人员的专业技术要求并不高，难度也处于中等水平。但计算机软件工程项目的管理工作对项目管理的相关工作人员的职业素养要求十分高，管理人员必须具备较强的计算机软件技术，能够在软件管理工作中完成一些难度较大的工作，进而维护计算机软件工程项目的正常运行。为了能够更好地帮助管理人员学习计算机软件相关知识，企业应当为管理人员开设相应的计算机软件应用理论课程，从而使其可以全方位地了解到计算机软件的相关知识。计算机软件应用理论是计算机的一个学科分系，其主要是为了帮助人们更好地了解计算机软件的产生以及用途，从而方便人们对于计算机软件的使用。在计算机软件应用理论中，计算机软件被分为了两类：其一为系统软件，第二则为应用软件。系统软件顾名思义是系统以及系统相关的插件以及驱动等所组成的。例如在我们生活中所常用的Windows 7、Windows 8、Windows 10 以及 Linux 系统、Unix 系统等均属于系统软件的范畴，此外我们在手机中所使用的塞班系统、Android 系统以及 iOS 系统等也属于系统软件，甚至华为公司所研发的鸿蒙系统也是系统软件之一。在系统软件中不但包含诸多的电脑系统、手机系统，同时还具有一些插件。例如，我们常听说的某某系统的汉化包、扩展包等也是属于系统软件的范畴。同时，一些电脑中以及手机中所使用的驱动程序也是系统软件之一。例如，电脑中用于显示的显卡驱动、用于发声的声卡驱动和用于连接以太网、WiFi的网卡驱动等。而应用软件则可以理解为是除了系统软件所剩下的软件。

二、计算机软件开发现状分析

虽然，随着信息化时代的到来，我国涌现出了许多的计算机软件工程相应的专业性人才，然而目前我国的计算机软件开发仍具有许多的问题。例如，缺乏需求分析、没有较好的完成可行性分析等。下面，将对计算机软件开发现状进行详细分析。

（一）没有确切明白用户需求

首先，在计算机软件开发过程中最为严重的问题就是没有确切的明白用户的需求。在进行计算机软件的编译过程中，我们所采用的方式一般都是面向对象进行编程，从字面意思中我们可以明确地了解到用户的需求将对软件所开发的功能起到决定性的作用。同时，在进行软件开发前，我们也需要针对软件的功能等进行需求分析文档的建立。在这其中，我们需要考虑到本款软件是否需要开发，以及在开发软件的过程中我们需要制作怎样的功能，而这一切都取决于用户的需求。只有可以满足用户的一切需求的软件才是真正意义上的优质软件。而若是没有确切的明白用户的需求就进行盲目开发，那么在对软件的功能进行设计时将会出现一定的重复、不合理等现象。同时，经过精心制作的软件也由于没有满足用户的需求而不会得到大众的认可。因此，在进行软件设计时，确切的明白用户的需求是十分必要的。

（二）缺乏核心技术

其次，在现阶段的软件开发过程中还存在有缺乏核心技术的现象。与西方一些发达国家以及美国等相比，我国的计算机领域研究开展较晚，一些核心技术也较为落后。并且，我国的大部分编程人员所使用的编程软件的源代码也都是西方国家以及美国所有。甚至开发人员的环境都是在美国微软公司所研发的 Windows 系统以及芬兰人所共享的 Linux 系统中所进行的。因此，我国的软件开发过程中存在着极为严重的缺乏核心技术的问题。这不但会导致我国所开发出的一些软件在质量上与国外的软件存在着一定的差异，同时也会使得我国所研发的软件缺少一定的创新性。这同时也是我国所研发的软件时常会出现更新以及修复补丁的现象的原因所在。

（三）没有合理地制定软件开发进度与预算

再者，我国的软件开发现状还存在没有合理地制定软件开发进度与预算的问题。在上文中，我们曾提到在进行软件设计、开发前，我们首先需要做好相应的需求分析文档。在做好需求分析文档的同时，我们还需要制作相应的可行性分析文档。在可行性分析文档中，我们需要详细地规划出软件设计所需的时间以及预算，并制定相应的软件开发进度。在制作完成可行性分析文档后，软件开发的相关人员需要严格地按照文档中的规划进行开发，否则这将会对用户的使用以及国家研发资金的投入造成严重的影响。

（四）没有良好的软件开发团队

同时，在我国的计算机软件开发现状中还存在没有良好的软件开发团队的问题。在进行软件开发时，需要详细地设计计算机软件的前端、后台以及数据库等相关方面。并且在进行前端的设计过程中也需要划分美工的设计、排版的设计以及内容和与数据库连接的设计。在后台中同时也需要区分为数据库连接、前端连接以及各类功能算法的实现和各类事件响应的生成。因此，在软件的开发过程中拥有一个良好的软件研发团队是极为必要的。这不但可以有效地帮助软件开发人员减少软件开发的所需时间，同时，也可以有效地提高软件的质量，使其更加符合用户的需求。而我国的软件开发现状中就存在没有良好的软件开发团队的问题。这个问题主要是由于在我国的软件开发团队中，许多的技术人员缺乏高端软件的开发经验，同时，许多的技术人员都具有相同的擅长之处。这都是造成这一问题的主要原因。同时，技术人员缺乏一定的创新性也是造成我国缺少良好的软件开发团队的主要原因之一。

（五）没有重视产品调试与宣传

在我国的软件开发现状中还存在没有重视产品的调试与宣传的问题。在上文中，曾提到过在进行软件开发工作前，我们首先需要制作可行性分析文档以及需求分析文档。在完成相应的软件开发后，我们同样需要完成软件测试文档的制作，并在文档中详细地记录在软件调试环节所使用的软件测试方法以及进行测试功能与结果。在软件测试中大致所使用的方式有白盒测试以及黑盒测试，通过这两种测试方式，我们可以详细地了解到软件中的各项功能是否可以正常运行。此外，在完成软件测试文档后，我们还需要对所开发的软件进行宣传，从而使得软件可以被众人所了解，从而充分地发挥出本软件的作用。而在我国的软件开发现状中，许多的软件开发者只注重了软件开发的过程而忽略了软件开发的测试阶段以及宣传阶段。这将会导致软件出现一定的功能性问题，例如，一些功能由于逻辑错误等无法正常使用，或是其他的一些问题。而忽略了宣传阶段，则会导致软件无法被大众所了解、使用，这将会导致软件开发失去了其目的，从而造成一些科研资源以及人力资源的浪费。

三、计算机软件开发技术的应用研究

我国计算机软件开发技术主要体现在 Internet 的应用和网络通信的应用两方面。互联网技术的不断成熟，使得我国通信技术已经打破了时间空间的限制，实现了现代化信息共享单位服务平台，互联网技术的迅速发展密切了世界各国之间的联系，使得我国同其他国家直接的联系变得更加密切，加速了构建"地球村"的现代化步伐。与此同时，网络通信技术的发展也离不开计算机软件技术，计算机软件技术的不断深入发展给通信领域带来了巨大的革新，将通信领域中的信息设备引入计算机软件开发的工程作业中可以促进信息化时代数字化单位发展，从根本上加速我国整体行业领域的发展速度。相信，不久之后我国的计算机软件技术将会发展的越来越好，并逐渐向着网络化、智能化、融合化方向所靠拢。

就上文所述，可以看到当下我国计算机技术已经取得了突破性的进展，这种社会背景之下，计算机软件的种类在不断增加，多样化的计算机软件可以满足人类社会生活中的各种生活需求，使得人类社会生活能够不断趋于现代化社会发展。为了能够从根本上满足我国计算机软件工程发展中的需求，给计算机软件工程的进一步发展提供有效的发展空间，当下我国必须加大对计算机软件工程项目的重视，鼓励从事计算机软件工程项目研究的技术人员不断完善自身对计算机软件的应用理论知识的掌握程度，在其内部制定出有效的管理体制，进而从根本上提高计算机软件工程项目运行的质量水平，为计算机技术领域的发展做铺垫。

第三节　计算机辅助教学理论

计算机辅助教学有利于教育改革和创新，巨大的促进了我国教育事业的发展。本节主要分析了计算机辅助教学的概念；计算机辅助教学的实践内容；计算机辅助教学对于实际教学的影响。希望对今后研究计算机辅助教学有一定的借鉴和影响。

计算机辅助教学的概念从狭义的角度来理解，就是在课堂上老师利用计算机的教学软件来对课堂内容进行设计，而学生通过老师设计的软件内容来对相关的知识进行学习。也可以理解为计算机辅助或者取代老师对学生们进行知识的传授以及相关知识的训练。同时，也可以定义计算机辅助教学是利用教学软件把课堂上讲解的内容和计算机进行结合，把相关的内容用编程的方式输入给计算机，这样一来，学生在对相关的知识内容进行学习的时候，可以采用和计算机互动的方式来进行学习。老师利用计算机丰富了课堂上的教学方式，为学生创造了一个更加丰富的教学氛围，在这种氛围下，学生可以通过计算机间接的老师进行交流。我们可以理解为，计算机辅助教学是用演示的方式来进行教学，但是演示并不是计算机辅助教学的全部特点

一、计算机辅助教学的实践内容

（一）计算机辅助教学的具体方式

在我们国家，一般学校主要采用的一种课堂教学形式就是老师面对学生进行教学，这种教学的形式已经存在了很多年，它有它存在的价值和意义。因为在老师教育学生的过程中，老师和学生的互相交流是非常重要的，学生和学生之间的互相学习也必不可少，这种人与人之间情感上的影响和互动是计算机无法取代的，所以，计算机只能成为一个辅助的角色来为这种教学形式进行服务。计算机辅助教学是可以帮助课堂教学提升教学质量的，但是计算机辅助教学不一定要仅仅体现在课堂上。我们都知道老师给学生传授知识的过程分为，学生预习，老师备课，最后是课堂传授知识。在这个过程中，计算机辅助教学完全可以针对这个过程的单个环节来进行服务和帮助，例如，在老师进行备课这个环节，计算机完全可以提供一些专门的备课软件以及系统，虽然这种备课的软件服务的是老师，但是它却可以有效地提升老师备课的效率和质量，使得老师可以更好地来组织授课的内容，这其实也是从另外一个角度来对学生进行服务，因为老师的备课效率提高，最终收益的还是学生。再比如说，计算机针对学生预习和自习这个环节来进行服务和帮助，可以把老师的一些想法和考虑与计算机的相关教学软件结合起来，使得学生再利用计算机进行自习和预习的时候也得到了老师的教育。这样一来就使得学生的自习和预习的效率和质量可以得到很大的提高。

（二）无软件计算机辅助教学

利用计算进行辅助教学是需要一些专门的教学软件的，但是，一些学校因为资金缺乏或者其他方面的原因，课堂上的教学软件没有得到足够的支持，一些内容没有得到及时的更新和优化。这就使得一些学校出现了利用计算机系统常用软件来进行计算机辅助教学的情况。例如，一些学校利用 OFFICE 的 word 软件作为学生写作练习的辅助工具，学生利用 word 系统来进行写作练习，可以极大地提升写作的效率和质量，这样一来就可以使得学生在课堂上有更多的时间来听老师的讲解，并且在学生写作的过程中，可以更加容易保持写作的专注度，使得写作的思路更加的顺畅，在提升学生思维能力的同时，也提升了学生的打字能力，促进了学生综合能力的提高。这种计算机辅助教学的形式也是很多学校在实践的过程中会用到的。

（三）计算机和学生进行互动教学

这种计算机辅助教学的方式就是利用计算机和学生的互动来进行辅助教学，这种辅助教学的方式把网络作为基础，利用相关的教学软件来具体地辅助教学过程。针对不同学生和老师的具体需求，采用个性化的教学软件来进行服务以及配合，体现出计算机与学生进行互动的能力。另外一方面，一种利用网络远程教学的形式特别适合现今一些想学习的成人，因为成人具备一定的知识选择能力以及自我控制能力，这种人机互动的计算机辅助教学方式特别适合他们这类人群。这种人机互动的教学模式是未来教育发展的一个主要方向，它可以使得更多对知识有需要的人们更容易，更方便的参与到学习中来。当然这种形式还需要长期的实践来作为经验基础。但是，笔者认为，计算机辅助教学毕竟不是教学的全部，它只是起到一个辅助的作用，我们应该把计算机辅助教学放在一个合理的位置上去看待它，计算机的辅助还是应该适度的。

二、计算机辅助教学对于实际教学的影响

（一）对于教学内容的影响

在实际的教学中，教学内容主要承担着知识传递的部分，学生主要通过教学内容来获得知识，提升自身的能力，以及学习相关的技能。计算机辅助教学的应用使得教学内容发生了一些形式上和结构上的改变，并且计算机已经成为老师和学生都必须熟练掌握的一种现代化工具

（二）形式上的改变

以往的教学内容表现形式主要是用文字来进行表述，并且还会有些配合文字出现的简单的图形和表格，无法用声音和图像来对教学内容进行详细的表达。后来，教学内容的表现形式开始出现录像和录音的形式，可以这种表现形式也过于单一，无法满足学生的实际需求。现在通过计算机的辅助教学，可以在文本以及图画、动画、视频、音频等各个方面来表现教学内容，把要表达和传递的知识和信息表现得更加具体和丰富。一些原本很难理解的文字性概念和定理，现在通过计算机来进行立体式的表达，更加清晰，使得学生更加

容易去理解。同时，这种计算机辅助教学对教学内容进行表达的方式可以极大地提升信息传递的效率，把教学内容用多种方式表达出来，满足不同学生的个性化需求。

（三）对于教学组织形式的影响

1. 结构上的改变

以往的教学组织形式都是采用班级教学的方式来进行，班级教学的形式主要是老师对学生进行知识的传授。在这个教学组织形式里，老师是作为主体的，因为教学的内容和流程都是老师来进行设计和制定，在整个过程中，学生都处于一个非常被动的位置，现代的教育理念都是要在课堂上以学生为主体的，这种传统的教学组织形式已经不符合当今教育发展的要求，并且无法满足不同特点学生的个性化学习需求。而计算机辅助教学则会给这种教学组织形式带来根本性的改变，在整个教学组织形式中老师将不再成为主体，学生的个性化需求也将得到满足。这种计算机辅助教学帮助下的教学组织形式可以有效地避免时间和空间的限制，利用网络来使得教学形式更加的开放，使得以往的教学组织形式变得更加分散，个体化以及社会化。对知识的学习将不再仅限于课堂上，老师所教授的学生也不仅限于一个教室的学生。学生学习知识的时候可以利用网络得到无限的资源，老师在进行知识传授的时候可以利用计算机网络得到无限的空间，并且在时间上也更加自由，不再固定在某个时间段进行学习或者授课。

2. 对于教学方法的影响

教学方法是老师对学生进行教学时候非常重要的一个部分，每个老师在进行教学的时候都需要一套教学方法。以往的教学方法都是老师在课堂上对学生进行知识的传授，而现今的教学方法是老师引导学生们进行学习。这种引导式的教学方法可以有效地提升学生的思维能力，并且能够让学生的学习积极性更加强烈。通过计算机辅助教学和引导式教学相结合，使得引导式教学更加的高效。例如，利用计算机来对教学内容进行演示，给学生提供视觉上和听觉上更加直观的表达方式，使得学生对于教学内容的理解更加透彻。并且利用计算机辅助教学可以有效地加强学生和老师之间的交流以及学生和学生之间的交流，并且交流的内容不仅限于文字，还可以发送图片或者视频等内容，非常有利于培养学生的交流合作能力。另外，计算机辅助教学还可以把学生学习的重点引导向知识点之间的逻辑关系上，不再只是学习单个的知识点，这样更有助于学生锻炼自身的思维能力，引导学生建立适合自身的学习风格和方式，培养学生的综合能力。

计算机辅助教学对促进我国教育起到了很大的作用，但是，相对于发达国家来说，我们还有很大的差距和不足，我们应该努力开发和研究，不断完善这一教学方式，不断探索新的教学方法。同时，计算机辅助教学要更好地与课堂实际教学相结合，更好地促进我们国家的教育改革和发展。

第四节　计算机智能化图像识别技术的理论

由于我国社会经济发展，科技也在持续进步，大家开始运用互联网，计算机的应用愈发广泛，图像识别技术也一直在进步。这对我国计算机领域而言是个很大的突破，还推动了其他领域的发展。所以，本节分析了计算机智能化图像识别技术的理论突破及应用前景等，期待帮助该领域的可持续发展。

现在大家的生活质量愈发提升，越来越多的人应用计算机。生产变革对计算机也有新要求，特别是图像识别技术。智能化是现在各行各业都为此发展的方向，也是整个社会的发展趋势。但是，图像技术的发展时间不长，现在只用于简单的图像问题上，没有与时俱进。所以，计算机智能化图像识别技术在理论层面突破是很关键的。

一、计算机智能化图像识别技术

计算机图像识别系统具体有：首先，图像输入，把得到的图像信息输入计算机识别；图像预处理，分离处理输入的图像，分离图像区与背景区，同时细化与二值化处理图像，有利于后续高效处理图像；特征提取，将图像特征突出出来，让图像更真实，并通过数值标注；图像分类，还要储于在不同的图像库中，方便将来匹配图像；图像匹配，对比分析已有的图片和前面有的图片，然后比较现有图片的特色，从而识别图像。计算机智能化图像识别技术手段通常包括三种：首先，统计识别法。其优势是把控最小的误差，将决策理论作为基础，通过统计学的数学建模找出图像规律；句法识别法。其作为统计法的补充，通过符号表达图像特点，基础是语言学里的句法排列，从而简化图像，有效识别结构信息；神经网络识别法，具体用于识别复杂图像，通过神经网络安排节点。

二、计算机智能化图像识别技术的特征

（1）信息量较大。识别图像信息应对比分析大量数据。具体使用时，一般是通过二维信息处理图像信息。和语言信息比较而言，图像信息频带更宽，在成像、传输与存储图像时，离不开计算机技术，这样才能大量存储。一旦存储不足，会降低图像识别准确度，造成和原图不一致。而智能化图像处理技术能够避免该问题，能够处理大量信息，并且让图像识别处理更快，确保图像清晰。

（2）关联性较大。图像像素间有很大的联系。像素作为图像的基本单位，其互相的链接点对图像识别非常关键。识别图像时，信息和像素对应，能够提取图像特征。智能化识别图像时，一直在压缩图像信息，特别是选取三维景物。由于输入图像没有三维景物的几何信息水平，必须有假设与测量，因此，计算机图像识别需考虑到像素间的关联。

（3）人为因素较大。智能化图像识别的参考是人。后期识别图像时，主要是识别人。

人是有自己的情绪与想法的，也会被诸多因素干扰，图像识别时难免渗入情感。所以，人为控制需要对智能化图像技术要求更高。该技术需从人为操作出发，处理图像要尽量符合人的满足，不仅要考虑实际应用，也要避免人为因素的影响，确保计算机顺利工作及图像识别真实。

三、计算机智能化图像识别技术的优势

（1）准确度高。因为现在的技术约束，只能对图像简单数字化处理。而计算机能够转化成三十二位，需要满足每位客户对图像处理的高要求。不过，人的需求会随着社会的进步而变化，所以我们必须时刻保持创新意识，开发创新更好的技术。

（2）呈现技术相对成熟。图像识别结束后的呈现很关键，现在该技术相对成熟。识别图像时，可以准确识别有关因素，如此一来，无论是怎样的情况下都可以还原图像。呈现技术还可以全面识别并清除负面影响因素，确保处理像素清晰。

（3）灵活度高。计算机图像处理能够按照实际情况放大或缩小图像。图像信息的来源很多方面，不管是细微的还是超大的，都能够识别处理。通过线性运算与非线性处理完成识别，通过二维数据灰度组合，确保图像质量，这样不但可以很快识别，还可以提升图像识别水平。

四、计算机智能化图像识别技术的突破性发展

（1）提高图像识别精准度。二维数组现在已无法满足我们对图像的期许。因为大家的需求也在不断变化，所以，需要图像的准确度更高。现在正向三维数组的方向努力发展，推动处理的数据信息更加准确，进而确保图像识别更好地还原，保证高清晰度与准确度。

（2）优化图像识别技术。现在不管是什么样的领域都离不开计算机的应用，而智能化是当今的热门发展方向，大家对计算机智能化有着更高的期待。其中，最显著的就是图像智能化处理，推动计算机硬件设施与系统的不断提升。计算机配置不断提高，图像分辨率与存储空间也跟着增加。此外，三维图像处理的优化完善，也优化了图像识别技术。

（3）提升像素呈现技术。现在图像识别技术正不断变得成熟，像素呈现技术也在进步。计算机的智能化性能能够全面清除识别像素的负面影响因素，确保传输像素时不受干扰，从而得到完整真实的图像。相信关于计算机智能化图像识别技术的实际应用也会越来越多。

综上所述，本节简单分析了计算机智能化图像识别技术的理论及应用。这项技术对我国社会经济发展做出了卓越的贡献，尤其是对科技发展的作用不可小觑。它的应用领域很广、包罗万象，在特征上具有十分鲜明的准确与灵活的优势特点，让我们的生活更加方便。现阶段我国愈发重视发展科技，并且看重自主创新。所以，我们还应持续进行突破，通过实践不断积累经验，从而提升技术能力，让技术进步得更高更快，从而帮助国家实现长远繁荣的发展。

第五节　计算机大数据应用的技术理论

近几年来，先进的计算机与信息技术已经在我国得到了广泛的发展和应用，极大地丰富了人们的生活和工作，并且有效地促进了我国生产技术的发展。与此同时，计算机技术的性能也在不断更新和完善，并且其应用范围也不断扩大。尽管先进的计算机技术给各个领域的发展带来极大的促进作用，然而在计算机技术的应用过程中仍然存在着诸多问题，这主要是由于计算机技术的不断发展使得计算机网络数据量与数据类型不断扩大，因而使得数据的处理和存储成为影响计算机技术应用的一大重要问题。本节将围绕计算机大数据应用的技术理论展开讨论，详细分析当前计算机技术应用过程中存在的问题，并就这些问题提出相应的解决措施。

计算机技术的发展在给人们的生活和工作带来便利的同时也隐藏着诸多不利因素，因此，为了能够有效地促进计算机技术为人类所用，必须对其存在的一些问题进行解决。计算机技术的成熟与发展推动了大数据时代的到来，从其应用范围来说，大数据所涉及的领域非常广泛，其中包括：教育教学、金融投资、医疗卫生以及社会时事等一系列领域，由此可见，计算机网络数据与人们的生活和工作联系及其紧密。因此，确保网络数据的安全与高效处理成为相关技术人员的重要任务之一。

一、计算机大数据的合理应用给社会带来的好处

（一）提高了各行业的生产效率

先进技术的大范围合理应用给社会各行各业带来了诸多便利，有效提高了各行业的生产效率。譬如，将计算机技术应用到教育教学领域可以有效提高教育水平，这得益于计算机技术一方面可以改善教师的教学用具，从而可以有效减轻教师的教学重担；另一方面可以为学生营造一个更加舒适的学习环境，从而激发学生的学习热情，进而提高学生的学习效率。将计算机技术应用到医疗卫生行业首先可以促进国产化医疗设备的发展和成熟，其次还便于医疗工作者对病人的信息进行安全妥善管理，提高信息管理效率。

（二）促进了各行业的技术发展

计算机网络技术的大范围应用有效促进了各行业的技术发展，从而提高了传统的生产和管理技术。基于计算机大数据的时代背景之下诞生了许多新型的先进技术，如：在工业生产领域广泛应用的 PLC 技术，其是计算机技术与可编程器件完美融合的产物，将其应用到工业生产中可以有效提高生产效率，并且改善传统技术中存在的不足和缺陷，并且基于 PLC 技术的优良性能使得其应用范围不断扩大，目前已经被广泛应用到电力系统行业，从而有效提高了电力系统管理效率。

二、计算机大数据应用过程中存在的问题

影响计算机大数据有效应用的原因有很多，其中数据采集技术的不完善是影响其合理应用的原因之一，因此，为了能够有效促进计算机大数据在其他领域的发展，必须首先提高数据采集效率，这样才能确保相关人员在第一时间获得重要的数据信息。其次，在数据采集效率提高之后，还必须加快数据传输速度，这样才能将采集到的有用数据及时传输到指定位置，便于工作人员将接收到的数据进行整合、加工和处理，从而方便用户的检索和参考。与此同时，信息监管及处理技术也是困扰技术人员的一大难题，同时制约着计算机网络技术的进一步发展，因此，提高信息数据的监管和处理技术任务迫在眉睫。

三、改进计算机大数据应用效率的措施

（一）提高数据采集效率

从上文可知，目前的计算机大数据在应用过程中存在许多的问题和不足，需要相关的技术人员不断完善和改进。其中，最为突出的问题之一便是数据的采集效率不能满足实际应用需求，因此，技术人员必须寻找可行的方案和技术来进一步完善当前的数据采集技术，以便能够有效提高数据采集效率。然而，信息在采集过程中由于其种类和格式存在很大的差异，进而使得信息采集变得相当复杂，因此，技术人员必须要以信息格式为入手点，不断优化和完善信息采集技术，确保各种类型的信息数据都能通过相似的采集技术实现采集功能，这样可以大大降低信息采集工程的难度，从而提高信息采集效率。

（二）优化计算机信息安全技术

尽管新型的计算机技术给人类的生活带来了极大的便利，然而，凡事都有利弊性，计算机技术在给人类生活带来便利的同时也带来了一定的危害。大数据时代的到来方便了社会的生产和进步，但是，同时给许多不法分子带来了机会，他们利用这种先进的计算机技术肆意盗取国家机密和个人的重要信息，因此，优化计算机信息安全维护技术成为摆在技术人员面前的一项重要任务。同时，当前的计算机网络数据中包含着众多社会人员的重要信息，其中包括身份证信息、银行卡信息以及众多的个人隐私，因此，维护网络数据的安全是至关重要的。然而，凡事都会有解决措施，譬如，技术人员应该定期维护数据安全网络或派专业人员进行实时监管确保其安全。

计算机技术的快速发展促进了大数据时代的到来，并且由于特有的优良性能使得其应用范围不断扩大。然而，尽管这种技术极大地促进了社会的生产，但是也同样会给社会带来一定的影响，因此，相关的技术人员需要不断的优化和完善计算机网络数据的监管技术以确保用户的信息安全。此外，为了便于信息的传输和流通，技术人员需要不断提高信息采集和传输速度，以便满足用户日益增长的需求。

第六节 控制算法理论及网络图计算机算法显示研究

随着 21 世纪科学技术的飞速发展，通用计算机技术已经普及到我们生活的方方面面。并且通过计算机技术，我国的各行各业都有了突飞猛进的发展。在计算机控制算法领域，通过将计算机技术与网络图的融合，将计算机的控制算法以现代化的计算机演算方式表现出来。并且随着计算机网络技术与网络图两者之间的协作发展，可以在控制算法上得到很好的定量优势和定性优势。本节通过对计算机网络显示与控制算法的运行原理进行分析研究，主要阐述计算机网络显示的具体应用方法。并将现有阶段计算机网络显示和控制算法中不足之处进行的分析，并且提出了一些改进性的意见和方法。

随着近些年来计算机显示网络理论的研究深入，目前，我国应用计算机网络显示和控制算法中的网络图的控制有着日新月异的变化。在工作中计算机可以实现与计算机网络图显示理论进行高效结合。并且在计算机网络图显示与控制算法中，符号理论的发展也极为迅速，它可以将网络图的控制以及标号的运行熟练控制。而且在这些研究过程中最重要的两点分别是计算机的控制算法和计算机的网络图显示。

一、计算机网络图的显示原理和储存结构

计算机网络图的显示原理最简单地说就是点与线的结合。打个比方，如果需要去解决一个问题，那么必须要从问题的本质出发。只有对问题的根源进行分析理解并认识问题的产生原因，才可以使用最有效的方法解决这个问题。换一种思考问题的方法，我们将数学上的问题利用数学理论进行建模，利用这种建模的方法对问题进行分析研究，就会发现所有的问题在数学模型中的组成只有两个因素：一个是点，还有一个是线。而最开始的数学建模的方法和灵感，是科学家们通过国际象棋的走位中发现的。在国际象棋进行比赛的过程中，选手们需要根据比赛规则依次在两个不同的位置放置皇后。并且选手们选择皇后的位置都有两个原则，这两个原则分别是：第一使用最少的，第二选用最少的。而通过这种方法也就构成了计算机网络途中最原始的模型结构。并且由于计算机网络图的主要构成是点与线的构成，所以以图形的领域是计算机网络图最主要的构成方式。在后续科学家的研究过程中，科学家们将图论融入计算机的算法中发现可以利用控制算法的方式对问题进行解决。通过这种方式形成的计算机网络图可以将图论中的数学模型建模和理论体系进行融合并加强了计算的效率。

而在最开始计算机运算过程中的储存结构通常是由关联矩阵结构，连接矩阵结构，十字连接表，连接表这四种最基本的基础结构构成。并且关联矩阵结构和邻接矩阵结构主要体现的是数组结构之间的关系。十字连表和邻接表主要体现的是链表结构之间的关系。并且在计算机运算过程的储存结构中链接表的方法并不只是这一种。通常科学家们还可以通

过对边表节点进行连接，并在连接过程中次序表达然后结合邻接表算法，就可以更好地在网络图中对现有的计算机算法进行表达。

二、网络图计算机的几种控制算法分析

网络图计算机的控制算法主要是由点符号权控制算法，边符号控制算法和网络图显示方法组成。在实际应用过程中点符号权控制算法主要是通过闭门领域中的结构组织，在计算机使用符号计算的过程中掌握好极限度，主要是对最大和最小的度限定有着精确地控制，还需要在上下限中之间有着及时的更新。如果显示网络图需要使用符号算法进行，就需要依据下界随时变化的角度来满足网络图下界的需求。而边符号的控制算法已经是一种较为成熟的算法方式，边符号控制算法主要是利用 M 边的最小编符号进行控制计算得出。而且边符号可以说是近些年来，科学家们对计算机网络算法的再一次创新。通过这次创新计算机网络图的控制理论有着更为完善的发展。并且通过对符号控制算法的上界和下界进行实际的确定过程中，可以将计算机网络图控制算法的优势更为明确地体现出来了。在运用边符号控制算法进行计算机网络控制计算过程中可以利用代表性的网络符号利用边控制算法提高计算中的精确度。而在工作人员使用计算机网络符号边控制算法的操作过程中，明确的界限可以使计算机的网络图显示有着更为精准的表达方式。在计算机控制算法中使用符号和边符号的显示主要是在绘制网络图的过程。在计算运行结束过后，就需要一种显示方法来将图像绘制过程中的数据进行输入。如果需要增加输入过程的准确程度，就需要操作人员将指令准确的输入到计算机的网络图中。并且在输入完成过后还需要将表格绘制中需要的其他数据，进行再次分析输入。而表格绘制过程中的数据，主要是包括绘图中的顶点个数，以及边的数量和图形的顶点坐标等等。在计算机网络图的绘制过程中，大多数情况都需要创建邻接多重表，利用邻接多重表可以将数据更准确地输入到创建表中，才可以使网络图中的数据更完整的显示出来，并且还可以维持网络连接过程中的稳定性。

三、对现有计算机算法和网络图的显示方法的提升措施

目前，现有的网络图计算机算法在运行的过程中通常会出现语言表达不简便，绘制网络图的过程复杂，并且在网络图的绘制过程中无法进行准确的记录。而随着计算机网络图的算法在领域中更深入的应用过程中，就会发现在实际操作过程中计算机算法和网络出的显示以及在相关的查询系统在实际操作过程中，计算机算法和网络图的显示以及在相关的查询系统中如果不熟练使用会导致计算机整体系统不稳定，从而会将已经绘制好的网络图再次修改。而出现了以上类似问题，就需要在网络图的显示过程中借助计算机的 C 语言程序来绘制出想要表达出来的网络图。由于计算机中 C 语言的语言表达方式较为简单，并且 C 语言的功能也异常强大，所以，在计算机网络图显示的过程中使用 C 语言可以将图形更加准确的绘制在计算机的屏幕上。并且又由于 C 语言计算所占字节数较少，所以，C 语言在绘制计算机网络图的过程中，可以节省计算机的内部储存，并且使计算机在绘制网络图的速度和效率上都有极大的促进。而且随着绘制难度的加深，许多点对点之间的连线会出

现很多顶点和边之间的关系。如果对计算机网络绘图不熟练就会造成绘图的失败，这就需要在绘图过程中，需要对图形每个顶点之间进行连线，并且还需要将整个图形绘制出相应的物理坐标。在图形的物理坐标上选取适当的距离，并将每个数值都选取整数或估算为整数。利用这种方法才可以将图形在绘制过程中的清晰度大为提升，并且也便于后续操作的观察。如果我们要将图形中不需要的边和点进行删除，那么就要在删除的过程中查询时间和过程，并将其准确的记录，以方便后续的操作。只有这样才能更好地构建出计算机网络图的显示系统。并且在计算机网络图的算法领域应用中，还需要对控制算法运行过程中的边符号控制系统进行完善。只有将绘制好的网络图进行多次修改和完善，才可以降低整个计算机算法系统的不稳定性。并且在修改过程中，还需要实现对数据的查询功能，以避免绘制出的图像古板模糊。在系统的完善过程中，还需要通过数据库的具体形式将数据进行正确操作来解决数据库绘制过程中的数据需求。如果需要提高对计算机控制算法的运行效率，就还需要对计算机控制算法和网络图绘制过程中的不同对象进行有效的分析。

在未来的应用过程中，依然还需要网络工作者们对计算机控制算法和网络图的显示进行不断的创新和发展，才可以使计算机网络图控制算法和显示功能更适应时代的发展和人们的生活需求。

计算机的网络图显示和控制算法理论，现在已经在我国的各个领域熟练的运用，并且每一阶段网络图理论和控制算法都有着迅猛的创新发展。由于目前计算机这一新兴行业受到了地方和国家的高度关注，计算机领域人才的培养也越来越重视，所以，我国现代化发展的步伐离不开计算机网络图的应用。并且随着市场需求的不断增加，只有从网络应用层面出发，不断提升计算机的技能，才可以满足市场上的需求，以促进我国现代化发展的步伐。

第二章 计算机管理技术研究

第一节 计算机管理信息系统现状及未来发展方向

伴随着我国计算机信息技术的飞速发展，人们对于计算机管理信息系统的关注程度也越来越大，再加上计算机管理信息系统的可操作性以及类似于信息存储、运算能力等功能性都十分强大。近年来，我国经济水平突飞猛进，IT 行业也随之迅速发展，IT 技术在人们的日常生活中的运用也越来越广泛，如何最大限度地发挥计算机信息系统的作用和效能？是如今计算机发展所需解决的问题之一。因此，对计算机管理信息系统以及计算机网路进行优化就十分有必要。而动态优化则是对计算机系统计算机网络进行一系列配置、资源合理分配以及任务科学调度的理论性手段。因此，如何在党校进行计算机管理信息系统的嵌入，从而进行相关管理工作的简化与改善是一个值得探讨的重要问题。本节则正式针对我国现阶段有关计算机管理信息系统的发展现状和未来发展方向进行探讨和研究。

伴随着我国经济水平和技术水平的巨大发展，人们逐渐适应了这个信息化的时代，在办公的过程当中人们对于计算机系统的信息处理技术的依赖性也越来越强。计算机信息系统技术给人们办公过程中带去了极大程度上的便利、节省了人们的办公时间。由于计算机系统信息处理技术对于人们的日常生活的重要性愈加凸显。因此，党校近年来也十分重视计算机信息技术的搭建，建立一个兼具效率和竞争能力的高效办公自动化管理系统对于党校来讲尤为重要，要想在很大程度上深化对于计算机系统以及计算机网络的动态优化的理解，能够在日常工作以及生活中学会自我有效管理计算机网络资源，以此达到实现计算机网络的最优效率。因此，分析和研究计算机管理信息系统的现状以及未来的发展现状是十分有必要的。

一、计算机管理信息系统的功能作用研究

如今，计算机系统和计算机网络被世界上的各行各业所广泛运用，计算机信息系统的广泛运用导致计算机所需处理的业务数量和业务种类迅速激增。如何在这种业务及处理问题不断增加的环境中对计算机系统和计算机网络进行合理优化的问题也逐渐开始凸显。人们开始寻求各种对计算机资源和计算机系统进行合理分配的手段方法，以达到提高计算机效率的目的。在实际优化过程中，相比静态优化理论，使用较为广泛的则是动态优化理论。

而马可夫的决策过程则正是动态优化理论所使用的基本模型。它的出现有效避免了计算机网络出现状态空间爆炸等负面情况的发生。对有效降低计算机系统的系统维护成本和提高计算机系统的运行效率具有十分重要的意义。

二、我国计算机管理信息系统发展的现状分析

在我国计算机技术迅速发展的今天，计算机管理信息系统使得党校实现了办公环境以及时间不再受到约束。由于无线局域网的普及，使得基于网络的通讯方式在办公领域迅速兴起，人们的办公地点不再只拘泥于办公室，人们可以实现在家办公，灵活地在饭店、商场、咖啡馆等地点轻松移动办公，利用平板电脑、手机、笔记本电脑等远程技术将工作成果进行远程传送。甚至于可以通过视频会议、即时通讯等手段不参与公司重大事件的决策。其次，计算机管理信息系统使得各项工作流程有了大幅度的简化。如今，计算机信息技术更新迭代，各类办公软件不断增加，包括利用网络的远程办公软件，就大大简化了工作流程，提高了工作效率。例如，通过无线网络传输图像、文档、文件、视频、音频等数据不仅可以绿色环保节约纸张，还可以提高效率，节省配送的人力、物力等等。除此之外，还可以在云上面保存这些数据，多次重复备份、长期保存，而且不需要专门的工作人们进行档案归类并占用实体空间等。最后，计算机信息系统使得视频技术大量被应用。由于视频技术与压缩技术的发展，视频会议等快捷方式办公，人们可以通过视频的摄像头随时随地地表达自己的观点，通过视频的摄像头，会议参与者不仅可以随心所欲地表达自己的想法，还可以对会议的现场情况进行全方位的观察并组织会议参与者进行互动讨论。这种充分利用计算机信息处理技术将无线视频技术运用到办公自动化上，能够大量减少会议参与者需要花费在交通道路上的时间以及精力，大大提高信息交流的效率，并且为低碳生活做出自己的贡献。

三、计算机管理信息系统的未来发展趋势

现如今，大多党校都开始尝试智能化办公，以此提高办公的效率和质量。在这种大环境之下，智能化已经成为日常办公的一个主流趋势。办公系统不断改善，使其能够自主处理一部分数据，减少工作人员的负担、提高办公效率。通过将通信计算机技术以及移动设备等计算机信息处理技术应用到办公系统当中，能够大幅度提高办公自动化的水平，成为个人办公的最新方式，最大限度地智能化党校办公。并且现阶段我国计算机信息系统在党校的办公自动化方面有以下几个功能。首先是进行文字处理，因为文字处理是当前办公系统中最为基础的内容，它被视为办公自动化中的基础功能之一。主要工作是对文字进行编辑、对文章进行排版，将文本节档合并，利用打印机对文档进行打印等操作。其次，还应当实现对文件的管理，能够处理数据、文字和图片等。最后对于图文制作以及演示软件的使用也是非常重要的。其具体操作为对包括表格、图片、文字等内容的编辑，然后插入音轨、视频等，再通过演示软件进行播放。计算机信息处理技术在文字处理方面的巨大功能是办公人员为之青睐的主要原因之一。除了文字处理以外，还有进行电子表格处理，数据存储

和处理、多媒体资源等的处理。这些都是计算机管理信息系统在现实生活中的功能作用。

在这种情况下，我国计算机管理信息系统逐渐朝着网络化发展。因为随着我国计算机信息系统的迅速普及，党校相关处理事务往往朝着运用网络的流行方向发展，这也使得党校在进行决策的过程中更加朝着智能化、网络化的发展，党校将数据库同云存储相结合，它能够帮助党校了解和收集到许多不同类型的有效数据，使得党校可以在线进行有关网络化的业务发展。其次，未来计算机管理信息系统也逐渐朝着虚拟化的方向发展。因为在政治经济快速发展的今天，党校之间的业务交往更加频繁，这也使得党校对于计算机信息处理系统的更高层次的要求。最后，我国计算机管理信息系统将来会朝着集成化发展。因为集成化使得党校不再局限于单个的功能或者设备，它会尽最大可能让多种功能进行组合、共同作用。就好像计算机信息系统中所涉及的缓存处理器和二级缓存。如果将计算机信息系统进行集成化并将计算机的二级存储融入计算机的处理器中能够大幅度提升计算机的处理速度和业务数容量，使得计算机的多个子系统之间完美结合，从而实现事半功倍的效果。

结合以上论述，计算机信息处理技术已经被广泛融合并应用到办公的过程当中，它不仅能大幅提高办公效率，还实现了空间时间的无距离信息化交流。办公自动化已经成为现代信息化发展的必然趋势。因此，党校应该充分利用并善于使用计算机信息技术，将其运用到日常办公中，提高办公自动化程度，建立完善的信息化管理系统，提升并且改善党校的业务能力，使得党校朝着良性健康的方法发展。在这种情况下，党校如何构建一个科学合理的业务体系？如何更好地提供一个灵活、全面并且高校的服务业务体系是现阶段我国相关党校必须要着手思考和解决的问题。将计算机管理信息系统逐渐实现虚拟化能够在很大程度上缓解这个问题。另一方面，对于我国党校事业单位所进行的一系列探索和实验，如果将虚拟化同信息系统框架相结合能够在很大程度上特别是建筑行业等等，让很多现阶段没有运用过计算机虚拟化信息系统的小规模党校也越来越愿意尝试智能化、网络化。计算机信息系统在未来的发展进程中会越来越注重与时俱进、不断创新和完善计算机管理信息系统，让党校在进行相关管理工作时能够更加便捷和快速。

第二节　基于信息化的计算机管理

随着科学技术的不断发展，信息资源和能源资源、物质资源并称为世界三大重要社会资源。由于计算机在互联网中的广泛应用，使得计算机成为信息生产和消费的最大推动力。如今，信息资源的利用和共享促进了信息化社会的快速发展，本节将通过对信息化的计算机管理进行探究，在此基础上就如何加强管理提出一些建设性建议。

一、信息化社会的概念及特征

信息化是当今社会发展和全球经济的发展方向，它已经成为推动社会信息化和经济快速发展的重要举措，并且成为能够对经济结构进行优化的重要因素。因此，如何开发和使用管理信息资源已经变成评论发展水平和实力的重要指标。在当前的形势下，加强对信息化环境下的计算机管理问题研究，具有非常重大的现实意义。

信息化社会是伴随着第三次革命而来的，因此现在已经成为现今社会发展的明显特征，从内容上看，信息化社会一般是把互联网技术和计算机作为先导，为生活带来了新的社会形态，成为发展的主要趋势。

信息化社会有着独有的特征。其具体表现为下面几个方面：加快人们的联系，加快经济发展，当世界各国随着信息化社会一同发展的时候，这为推动全球化发展做出了巨大成就；信息化为金融、贸易等提供了很大的便利，为生活质量的提高提供了有力的支持；它的出现还加快了社会发展的进程，使人们慢慢依赖于操作简便的信息化管理，同时解放了人们原本笨重的工作方式，还改变了人们的思想方式，促进社会的发展。

计算机信息化建设管理的意义：能够提升竞争力，根据计算机的发展，企业能够尽快掌握市场动向，以此规划后来的工作。经济的发展和科技的进步有着密切的联系，经济发展推动科技的发展，科技的进步也促进经济的进步。企业重视计算机信息化的管理，可以保证信息的有效性和准确性。加强基础管理，避免数据的缺失或者过多的损耗等，企业应该做到降低损耗量，以"精细化"生产为目标，同时还要保证产品的质量符合要求。

二、计算机应用特点与管理问题

现在，各国在计算机网络方面已经逐渐重视起来，资本的投入也越来越多。数据表明，无论是政府、商店、企业，还是家庭、学校等，大家所从事的所有事都或多或少的和计算机有着紧密的联系，人们开始习惯于用计算机处理事务。同时，网络世界已经开始慢慢和现实世界取得联系。

三、信息化环境下计算机管理存在的不足

即使目前已经处于信息化社会中，管理水平已经有了迅猛发展但是目前仍然被一些问题所困扰，这些问题使得计算机的管理工作还存在一些缺陷，发现这些问题才能有效解决。

（一）缺少创新意识

就目前的现状而言，管理工作一般具有创新意识比较弱的特点，没有先进的技术和管理模式会使得计算机管理水平低下。在某些现代化企业中，他们经常疏于对计算机的科学管理，甚至是对工作人员的合理训练。如果计算机出现某些问题的时候，他们没有足够的能力去解决问题，只能依赖于企业外的人员，甚至使用非专业人员来解决问题，但这种情况通常结果并不理想，没有科学的管理方法、没有较高的创新意识，都会对计算机管理的能力造成极大的限制。

（二）安全性不足

如果想要使计算机能够正常工作，那么就要对计算机的安全性进行重要的监测。对企

业来说，他们的计算机系统可能会存在一些安全漏洞，遭受各种病毒的侵袭，更或者可能会被黑客攻击，这些情况都会对企业造成重大危害。若企业一些数据被篡改或者泄露，可能会引起巨大的损失，因此，企业已经通过安装各种杀毒软件进行维护。但是，杀毒软件不是万能的，它的保护能力不全面，因此，即使安装了杀毒软件也不能保证计算机系统完全安全。

（三）使用效率低

随着计算机行业的快速发展，它的使用范围也在逐渐增大，现在已经渗透到人们生活的各个方面，但是在实际情况下，仍然存在效率低下的问题，因此，也对计算机管理的发展具有限制的影响。

（四）信息化建设目标不明确

企业不能对计算机管理有着充分的认识，在分析问题上也没有正确的认识，一些企业由于对计算机管理了解不充分，使得他们把一些比较旧或者功能不够的软件应用在信息化管理中，这不仅对企业的产品质量造成了很大的影响，更会给企业带来经济上的损失和名誉上的危害。

四、提升计算机管理水平的措施

在信息社会中，面对计算机管理的发展，需要解决的问题：怎样提升计算机管理的水平？怎样有效解决计算机管理所存在的问题？怎样将计算机管理和实际生活工作更好的结合在一起？

（一）促进计算机管理的创新

计算机管理的发展已经十分迅猛，未来该行业的发展方向可能是将计算机管理发展成为综合发展的网络体系或者与智能化相结合，这些不仅可以增大计算机的使用范围，提高它的便利程度，还对计算机管理提供了简洁高效的科学管理模式，为该行业注入了更为科学的方法和手段。在实际使用中，计算机的功能中还要和 ERP 等技术相结合，这些技术给计算机的管理工作提供了创新的思路，对计算机的管理能力和工作效率有了很大的提高。

（二）提高对计算机的安全性管理

利用先进的科学技术来提高计算机网络的安全性，是这个行业的一个发展新方向。在企业中，计算机管理是领导的一个重要关注方向，而其中的安全性是重中之重，使用专业人员对计算机网络的安全进行看护，有时间有计划地对网络进行全盘扫描，发现有可能存在的安全隐患要及时解决，除此以外，还要对网络系统进行有效防护；对一些需要用户访问的内容，要注意其安全性，对于某些关键文件，需要对其进行加密处理。不仅如此，工作人员还要随时防御来自黑客等的攻击，随时确保计算机中的数据安全。

（三）对计算机系统管理进行验证

维持验证是计算机系统的管理的工作内容之一，这个工作需要有相关文件支撑，明确性能监控的方法，使其在操作系统中得以体现。

对系统的一致性进行定期回顾，以此防止突发事件的发生，当有突发事情发生的时候，要立刻启动纠正措施。在保证业务的连续性的时候，要依据系统的风险评估来制定合理的恢复机制同时要对数据进行备份。系统要根据工艺的要求进行权限管理，落实电子签名。

为了使电子记录能够真实反映工艺条件，要在前端进行信息采集的设备建立设备效验台账，当发现偏离的信息时，要及时分析再给出意见。

验证项目变更控制时，它的重点不是验证过程，而是对系统的维持、工作的持续进行验证，这样才能将对产品质量的影响降到最低。

变更管理重视的是可控的流程，在变更时要存档文件，被存档的文件要包含对变更的专业性审查意见，同时，在变更被确认后展开验证工作。

系统退出时有很多任务需要做，关注评估数据的去向是其中的一个重点，它是保证从前工作的回溯性而存在的，万万不可因为系统要退出而忽视这个工作。

（四）科学发展规划

由于信息化行业的明显优势，制定科学的发展计划才能取得较好的成绩。通过科学的规划，描绘发展蓝图，对信息化进行建设，推动工业化发展，反过来，工业化也可以加快信息化的发展进程，发展出一条污染少、消耗低、发展快、科技含量高的工业化道路。

目前还处于信息社会的发展阶段，我们对于一些先进的计算机管理经验要善于总结和吸收，这对计算机管理行业的发展是有重要的意义。但是，在对经验进行学习的时候，也要因地制宜，不能盲目照搬，确定出合理有效且适合自身发展的方案才是发展的基石。

第三节　计算机的管理与维护

计算机管理和维护，对计算机系统的安全和稳定有着重大意义。随着计算机的不断更新普及，计算机技术得到了高速发展，黑客技术也在不断更新。计算机的管理与维护关系着计算机的安全及计算机的正常运行。对于企业来说，计算机维护和管理更加重要，很多企业的计算机数据中都可能包含着重要的商业机密，商业机密的泄漏不仅会给企业造成巨大的经济损失，还可能造成社会的不良影响。计算机的维护和管理是必不可少的，计算机在日常使用中会产生垃圾文体和无用程序，减慢计算机运行速度，影响用户正常使用，计算机的管理和维护，可以使计算机保持最佳状态，以实现计算机稳定、安全、通畅运行，给用户带来更好的体验。

一、计算机管理与维护的重要性

计算机是 21 世纪最通用的办公工具和娱乐工具。现代社会中不论是办公还是生活都离不开计算机的应用。计算机维护和管理是一项专业性较强的工作，既复杂又系统，是计算机应用建设的首要任务。计算机的管理和维护涉及计算机软件、计算机硬件、计算机网络、计算机安全等多方面技术。计算机对人类社会发展和经济起着积极作用，计算机技术的快速发展为人类社会带来了改变。随着计算机技术的快速发展，我国计算机应用方面取得了优异成绩，计算机不仅应用于日常办公和学习中，更应用于国家建设中，目前，计算机已经被应用于政治、经济、文化、国防等多个领域。全球数字化趋势日益明显，计算机的稳定和安全至关重要，保障计算机安全和稳定的关键就是计算机管理和维护。计算机管理和维护不仅关系着人们的日常使用，还与国家建设和经济密切相关。因此，计算机管理和维护不容忽视，强化计算机管理和维护势在必行。

二、计算机管理和维护的现状

第一，人们对计算机管理和维护不够重视。通过调查发现，很多个人和企业在计算机使用中，并不重视计算机管理和维护，也没有定期进行计算机维护和管理，更没有在计算机中安装任何防护软件或杀毒软件。造成这种现象的主要原因是：对计算机管理和维护不够重视，忽视了计算机管理和维护，因此，很多计算机都存在较大隐患。

第二，计算机用户缺乏计算机维护和管理意识。通过调查发现，很多计算机用户并没有计算机管理和维护意识，不理解计算机管理和维护的作用和意义，想进行计算机维护和管理的时候更是无从下手。因此，计算机出现故障和安全问题时，无法进行维护。

第三，缺少计算机管理和维护措施。计算机网络连接着整个世界的信息资源，具有较强的开放性。现今计算机病毒、网络黑客日益猖獗，信息截取、盗取事件时有发生，给计算机管理和维护带来了挑战。经调查发现，一些计算机用户在传递信息文件和使用计算机时，缺乏加密和权限管理，这将导致所发送的信息被黑客截取或篡改。

三、强化计算机管理与维护的对策和思路

现代生活中不论是办公还是学习都离不开计算机，人类对计算机的依赖性越来越大，计算机的正常运行是人类社会生活、生产的关键。全球已经进入了一个计算机时代，计算机影响着人类的发展，计算机管理和维护必须引起重视，强化计算机管理和维护势在必行。

第一，提高对计算机管理和维护的重视。做好计算机维护和管理，就是保护自己的财产和信息，因为计算机使用中涉及很多的隐私账号、密码、个人信息等，所以必须更新观念，养成计算机维护和管理习惯，正确认识计算机维护和管理问题，提高对计算机维护管理的重视度。

第二，学习计算机管理和维护知识。缺乏计算机维护和管理知识是目前计算机用户比较大的问题之一，也是计算机使用中的突出问题。计算机维护和管理关系着整个计算机系统的稳定性和可靠性，关系着用户自身利益。如果没有相应的维护和管理措施，那无疑会给用户造成巨大的损失，所以为了保障计算机的可靠性，必须适当学习计算机维护和管理知识，形成管理和维护意识，对计算机进行动态加密处理，经常更换密码，并设置访问权限，利用验证码、密码、数字签名手段来验证对方身份，提高计算机可靠性。

第三，制定计算机维护和管理计划。计算机维护和管理具有较强的专业性，但是，计算机发生问题和故障时，往往都是突发性的。而想要避免此类计算机问题的发生，必须注重平时的计算机维护和管理。用户要想提高计算机维护和管理水平和质量，必须制定相关的维护和管理计划，不能盲目进行。盲目对计算机进行维护不仅会造成计算机系统不稳定，甚至可能导致流氓软件捆绑到计算机系统中。

第四，定期进行计算机维护和管理。计算机的维护和管理必须持续才能取得最好的效果，如果间歇性地进行维护，并不会起到提升计算机可靠性的作用。计算机随着使用时间的增长，其自身的问题也就会越来越多，例如，计算机在使用中会产生一定的无用软件垃圾，并且软件的安装也会使一些软件的漏洞被病毒利用，给计算机系统造成危害。因此，必须要定期对计算机进行维护和管理，养成一个良好的计算机使用习惯，定期卸载一些几乎用不到或不常用的计算机软件，定期更换计算机密码，定期维护硬件。

第四节 计算机管理技术分析与研究

计算机管理技术在通信和科技中有着非常重要的作用，在网络技术与通信时代发展如此迅速的时期，网络规模不断扩大；网络环境也变得很复杂；网络资源的消耗也越来越大，为了更好地保证网络设备高效、安全的运行，就必须做好计算机的管理工作。在计算机网络所存在的问题中对计算机管理技术的分析是目前关注的热点问题，只有把技术落实到位，才能够保证网络的安全使用。

当今这个互联网时代，必须要做好计算机管理技术分析工作，管理技术分析是计算机管理中让网络提高运行效率的重要环节。但是，计算机的管理涵盖的内容比较广，有网络配置、网络安全、网络性能、网络故障等，需要通过某种特定的方式进行对这种技术的管理，使得网络运行一直保持在比较优异的状态，只要网络运行一直保持顺畅，那么就可以很好的服务用户。这种技术在最初只是网络维护的运行问题，使得计算机在人们的日常使用中都能够得到立刻反应，随着发展这种技术主要用来处理信息所需要的技术手段以及用来监督和管理通信服务。

一、计算机网络管理技术所存在的问题

互联网技术发展的速度在大家日常的学习、生活和工作中早就有所感受，网络的发展总是激发出多种多样的软件形式出现，一般情况下都是建立在网络管理技术的基础上。如果网络管理技术比较薄弱的话，那么就无法实现在这项基础上技术延伸。只有先进的网络管理技术才能够起到良好的技术支撑作用，但是，在这种全球化的经济发展中，计算机网络管理技术变得越来越复杂，在社会中以多种形式呈现。计算机在计算方面的管理上由于技术结构的不一样就会导致管理技术不同，计算机也会遭到恶意的攻击，网络安全就得不

到保障。因此，在计算机的网络管理中，管理者一定要根据网络日志以及所出现的警报信息，对其进行及时而有效的分析，尤其是针对普遍问题尽快采取相应的措施。在相应控制管理平台管理用户以及设备的时候，这个工作非常需要技术性，难度非常大，因此对管理人员的技术要求和专业性等要求都非常高，相关的管理人员不仅仅需要有广泛的知识，还应该可以做到独自掌控平台，在同一时间进行界面的升级和安全管理，同时处理多个功能之间相互的管理和运用。

计算机管理技术一般情况下是通过 IP/TCP 网络协议实现管理，在网络管理技术中发挥着巨大的作用。

二、计算机管理技术的分析与研究

（一）给予 WEB 计算机管理技术

WEB 计算机管理技术具有非常高的多样性以及复杂性的高效管理特点，主要是应用于检测和解决问题这一方面。WEB 计算机管理技术的用户界面以及检测网络功能非常强大，因此，用户在使用的时候非常方便，可以实现整个管理系统移动式的管理。计算机管理过程中相关的系统管理人员可以在不同的站点对计算机进行遥控式的管理，可以通过不同的站点访问计算机系统。WEB 计算机不仅仅获得了管理技术的支持，还可以为用户提供相应的实时管理的功能，而且与站点管理不会产生冲突，因此非常适用于网络平台的安全和计划管理。计算机发展越来越迅速，WEB 计算机管理技术还相继发展出 JMAPI 和 WEBM 技术，可以更好地实现对计划管理的支持，凭借网络技术对管理平台实现分布式管理的技术模式。JMAPI 技术实际上是一种比较轻管理的基础结构，跟其他平台相比较会更高效、安全，更适合解决计划分配版本协议的独立性问题。

（二）分布对象式的管理技术

到目前为止有很多计算机管理技术都是使用对象式的管理技术，这些技术都必须给予一定平台的计算机管理技术。这些平台的管理模式都是以服务器以及客户机为基础，管理模式比较简单，应用性比较广。分布对象式的管理技术主要是通过多个网点以及网站功能加工的模式实现整个系统内部的运行和管理。这个管理加工中心本身就有自身的局限性、缺陷以及瓶颈，所以当遇到这种问题的时候，分布对象式计算机管理技术的加工中心遇到网点比较多的情况的时候，会出现功能障碍的情况。因此，目前所需要的计算机管理技术需要有更多的站点支持，单单几个站点支持模式已经远不能满足现状，所以综合来说这种分布式的对象管理技术模式已经无法满足市场的需求。

（三）CORBA 技术

CORBA 技术融合了面向对象模式以及分布对象模式两种模式，搭建了非常有效的分布式应用程序。CORBA 的技术核心是 OMG，开发者创建了自己的分布式计算机基础平台，即 CORBA 分布式平台，在这种分布式的管理过程中，每个计算机都具有独立的界面，而且这些界面的数据都是通过某一特定的数据接口实现数据的最终交换，进而可以为相应的对象提供服务。CORBA 技术通过未相关事物建设以及基础设施建设提供服务，让整个控制流程变得越来越清晰、透明。

CORBA 具有非常好的分配技术，这种技术和传统的分配技术相比较更具有可靠性，在管理计算机方面更具有可靠性。网络管理中，CORBA 服务管理是基础，如在网络系统配置管理过程中，系统需要完成对绩效、配置等多方面的管理，一方面要给用户提供所要求的对应服务，另一方面还要为客户拓展应用范围。CRBA/SNMP 通过网络管理中心实现信息交换，网络管理系统实际上只属于抽象意义的 CORBA 代理。凭借使用 CORBA 技术可以绝对做到标准化的网络管理系统构建，把计算机管理技术与 CORBA 技术有机结合在一起。

这些年以来，网络技术在现实生活与工作中的应用显而易见，可以说网络技术已经占据了生活和工作的绝大部分，没有网络技术就无法正常办公。因此，建立时效网络平台，应广大需求所需，新的系统将属于各种计算机网络管理技术的信息采集和信息处理。即时通信等技术将会被体现在新的网络平台里面，通过使用资源集成技术为网络提供更加应人所需的服务，随着网络技术的不断发展，将会陆续实现不同的服务更新。

第五节　计算机管理系统的安全防控

当今社会，人们的生活质量伴随着科技的飞速发展在不断提升，人们越来越重视自身的精神需求，同时也提升了对科技发展的关注程度。计算机技术是我国科技发展的关键内容，该技术被广泛应用于各个领域，极大地促进了社会经济的飞速发展。然而，当前计算机技术的发展，仍然遇到了不少问题，这些问题的存在将不利于人们的生产和生活，最重要的问题是在安全防控方面计算机管理系统仍存在着很多不足之处。这一问题如果得不到及时解决，对计算机系统会造成很大的危害，而且也能深深地影响社会经济的发展，安全防控问题是目前计算机技术必须要重视的问题。在本节中，笔者就如何高效解决目前计算机管理系统的安全防控问题，提出了自己的建议，以期对计算机科技的发展有所帮助，以更好地促进我国科技的全面发展。

一、目前计算机管理系统遇到的安全问题

（一）系统本身存在的安全问题

社会经济飞速发展，大大提升了我们的日常生活水平，科技在发展，计算机技术是最近几年刚刚兴起的新技术，越来越受到人们的关注和喜爱，然而，在计算机技术为人们带来更多便利的时候，也深深影响着人们的生产生活。所以，更多的人开始越来越重视计算机管理系统的安全问题，主要的原因是，计算机管理系统是计算机的关键组成，该系统的重要性不仅表现在管理计算机内部信息，更关键的是计算机管理系统，是处理计算机事务、

进行联机分析的重要设施。所以，我们一定要保障计算机管理系统的绝对安全，然而，实际上，目前计算机管理系统的安全防控问题，尚未得到有效保障，导致计算机管理系统存在的安全隐患未能得到很好地解除。比如，计算机管理系统的安全保护工作，大部分是工作人员进行系统设置，但是，因为受到技术或其他因素的干涉，在程序设置时，计算机管理系统的安全防控会或多或少的存在一些安全问题。比如，系统本身的漏洞，会大大降低计算机管理系统的安全性。

（二）计算机系统外部存在的问题

在信息全球化的氛围中，计算机技术极大地推动了信息全球化的大力发展，然而，这也增加了计算机管理系统外部存在的安全隐患问题。例如，计算机不能自己决定是否传递所有信息，另外，计算机的广泛使用，也广泛传播了很多不良信息（例如，违法信息、虚假信息），不良信息的广泛传播，也增加了计算机管理系统安全问题的控制难度。此外，导致计算机外部隐患的另一重要原因是计算机病毒、木马等的存在，这类外部隐患主要是人为操作造成的，或是在计算机防御系统被损害的时候，感染了病毒，造成了相应的损失。比如，病毒攻击会威胁计算机文件的安全性，更有甚者，会让整个计算机系统瘫痪，造成了更严重的损失，威胁计算机管理系统的安全性。

二、如何有效解决计算机管理系统的安全防控问题

（一）高度重视使用计算机的防火墙技术

计算机管理系统存在安全性问题，不仅仅不利于计算机系统本身的发展，同时，对国家安全发展也非常不利。所以，我们必须要高度重视计算机管理系统的安全防控问题。网络防火墙，能够有效保护计算机系统的安全性，网络防火墙是保障体系的一种，主要的作用是隔离外部网路和本地网络，这一安全防护措施的效果明显，经济实惠。网络防火墙技术可以分为很多种：监测型、包过滤型、网络地址转化型、代理型，这四种是基本的类型，该技术的作用流程是按照一定的程序，检查网络之间数据信息传递的安全性，强化网络访问控制，防止黑客、病毒侵害，保障网络信息及运作环境的安全。网络防火墙被广泛应用于计算机管理系统的安全性防控工作中，我们要持续优化、升级网络防火墙技术，使其能够更好地维护计算机网络的安全，让计算机用户的网络安全性有所保障，防止未经授权的其他用户访问计算机的内部信息，有效监测用户的网络环境，全面、高效、及时地保障计算机系统的网络安全。

（二）加密处理计算机内的数据，严格控制数据访问权限，更好地保障计算机系统的安全

数据加密，能够有效保证数据的安全，这一措施是网络安全的基础，对保障计算机系统的安全性非常重要。数据加密技术，是指发送信息的一方，用加密函数，加密所要发送的信息，信息接收方，再用解密函数，把密文还原，获得完整信息。数据加密包括对称加密、非对称加密两种，对称加密，指的是通信双方要使用同样的加密函数，在传送信息的

时候，发送方和接收方，可以使用同样的加密函数，当加密函数正确时，才能打开信息。这一信息传送方式的优势是发送方和接收方只有使用同样的密码，才能获得信息，有效保障提升了信息的安全性；不足之处是这一方式要确保传递途径绝对安全，安全性相对低一些；和对称加

密相比，非对称加密的安全性能更高一些，主要是因为，这一加密方式使用的密匙是不一样的：一个公开、一个自己保存；一个加密、一个解密，保证了加密安全性，保障了信息安全，这一方法也是提升计算机管理系统安全性的重要措施。

（三）强化计算机使用者的安全意识

人为不当操作，也是引发计算机管理系统安全隐患的重要原因。所以，想要切实改善计算机管理系统的安全防控，就一定要重视强化计算机使用者的安全意识。比如，计算机使用者定期检测计算机系统，确保计算机管理系统的安全性。同时，当计算机存在漏洞时，用户要及时修复升级计算机系统，以防漏洞对计算机管理系统产生更大的危害，这样既能提高计算机的运行速度，也能保证计算机系统的安全。

总前文所述，我国的计算机技术在飞速发展，为人们生活提供便利的同时，计算机管理系统自身的安全防控还存在很多问题，笔者在此文中，解析了计算机管理系统在安全防控方面遇到的问题，同时针对这些问题，总结了三点解决问题的措施：高度重视使用计算机的防火墙技术、严格控制数据访问权限、强化计算机使用者的安全意识。有效保障计算机管理系统的安全性能，可以较好地促进社会经济持续、健康、飞速发展。

第三章 计算机应用技术研究

第一节 动漫设计中计算机技术的应用

在计算机技术不断发展的背景下，新的动漫制作软件应运而生，动漫产业中，计算机得到了进一步的应用。动漫技术作为动漫制作行业中不可或缺的关键因素，需要计算机技术来支持方可提升动漫制作水平和效率。现如今，动漫工作人员必须要首先学好计算机技术才能不如动漫产业中，比如，需要学习如何运用三维立体显示技术，如何运用三维成像技术等？我国计算机技术的应用和发展和发达国家相比仍然存在较大的差距，为此，需要不断提升我国相关工作者运用和研发计算机的能力。

一、动漫产业发展概况

世界上三个国家的动漫产业发展比较好，市场份额比较高，第一位是美国，20 世纪 90 年代，美国动漫出口率已经高于其他传统工业，可以说世界上很多国家的动漫发展都深受美国影响；第二位是日本，日本动漫产业非常发达，仅次于美国，其中动漫游戏出口率要远远超出了钢铁企业，对日本国民经济发展起到了非常重要的作用；第三位时韩国，虽然韩国动漫与美国、日本相比，还有一定的差距，但却远远在中国之上，其动漫产业是国民经济的第三大产业。

我国的动漫产业相对发展较晚，目前还在不断地摸索探寻过程中，这也说明我国的动漫产业有着非常良好的发展空间。我国相关部门出台了很多支持政策来推动我国动漫产业的发展。我国的动漫产业在多方努力下也取得了较快的进步，但是我们仍然要有清醒地自我认识，要朝着发达国家先进的动漫产业发展方向不断努力前进。就现实情况来看，我国动漫产业有待解决的问题有很多，比如，动漫创作理念陈旧，一直深受传统理念制约，过于注重教育功能，因此比较适合儿童观看，而青少年以及成年人受众非常少，所以这部分市场份额有待开发；我国动漫产业发展情况一直滞后于精神文化发展，无法满足市场需求，所以我国有很多动漫产品出现了滞销的问题；除此之外，最为严重的问题就是我国动漫企业创新比较差，绝大多数产品都没有创新性，而研发动漫产品的企业也没有品牌意识，所以我国的动漫公司通常企业规模都不是很大，也难以实现扩大再生产。总之，我国动漫产业发展形势一片大好，但就现实情况来看，我们与动漫产业大国相比，还有一定的差距，我们要正视这种差距，才能够有获得发展的机会。

二、计算机技术在动漫领域中的应用

（一）动漫设计 3D 化

虚拟技术是动漫设计中重要的技术之一。所谓的虚拟技术，就是有机结合艺术与计算机技术，在动漫设计中使用计算机技术设计出三维视觉，在这种情况下动漫画质得到了质的突破，观看者可以享受更加舒适、真实的动漫效果。此外，计算机技术可以改善图像形成结构。和传统的而且图像相比，3D 技术的应用对整个动画图像的显示效果进行了改善，计算机平台极大地推动了动漫产业的发展和进步，为动漫产业诸如了新的活力。

（二）画面的真实性增加

传统的动漫设计中的画面处理常常会出现失真的情况，观看起来给人粗糙的感觉。计算机技术的应用提升了动漫设计画面的处理精细度，让画面的真实性提高。各物体在虚拟世界中有了更加独立的活动，计算机技术和动力学、光学等多门学科的综合运用促使换面设计的视觉效果更加真实，观看者可以看到更加真实完美的画质。

（三）三维画面自然交互

经过现实化处理后的三位用户感官能够形成清晰的三维画面，观看者在观看中如临其境，尤其是 4D、5D 技术的到来，为观看者创造了更加真实的视觉感受。计算机技术和数字技术不断的发展过程中，也创造了更加丰富多样的互动交流形式，其中，手语交流是人与虚拟世界自然交互的一种方式。在动漫产业中，自然交互形式可以说是一座里程碑，代表了动漫产业中计算机发展的一大成果。

三、计算机动漫设计技术发展

在现代信息科技时代，计算机以及各种软件发展更新的速度惊人，在工作、娱乐、生活中如何更好地应用计算机和各种软件已经成为各个行业的要求。在通信、电影等行业对计算机技术的依赖性不断增加，这些产业的未来发展情况从很大程度上受到计算机技术发展的影响。为此，计算机技术在未来将得到进一步地应用，各个行业也将更好地和计算机技术融合，相互推动和发展。对于动漫产业来讲，计算机技术在我国动漫中仍然有着非常大的发展和应用空间，但是，仅仅依靠计算机技术并无法有效提升动漫产业发展效果。在动漫制作中，我们要将以对待艺术品的态度对待动漫制作，充分尊重动漫题材所要表达的思想，赋予动漫灵魂和感情，用计算机辅助技术细化画质，丰富动漫人物的表情、色彩，让观看者可以更好地理解动漫所要传达的思想，拥有更加舒适的体验。

国民经济水平的提高促使对生活品质和娱乐等有了更高的要求，动漫产业作为生活娱乐中的重要组成内容，需要为国民提供更好的服务。在计算机技术的应用下，动漫产业在近些年得到了很快的发展，随着计算机和相关软件的不断发展，相信未来我国动漫产业将会迎来新的春天。本节重点对动漫设计中计算机技术的应用进行了分析，并且对计算机和动漫产业未来的发展做出了展望，希望本节的提出能够具有一定的价值。

第二节 嵌入式计算机技术及应用

随着科学技术的迅速发展，数字化、网络化时代已经到来，而嵌入式计算机技术及其应用逐渐被各行各业高度关注，它已经广泛运用到科学研究、工程设计、农业生产、军事领域、日常生活等各个方面。本节就嵌入式计算机的概念和应用、现状分析、未来展望三个方面进行探讨，让读者更加深入地了解嵌入式计算机。

由于微电子技和信息技术的快速发展，嵌入式计算机已经逐渐渗入我们生活的每个角落，应用于各个领域，为百姓提供了不少便利，也带来了前所未有的技术变革。人们也对此技术也不断深入研究，希望挖掘它所创造的无限可能。

一、嵌入式计算机的概念和应用

（一）嵌入式计算机的概念

从学术的角度来说，嵌入式计算机是以嵌入式系统为应用中心，以计算机术为基础，对各个方面如功能、成本、体积、功耗等都有严格要求的专用计算机。通俗来讲，就是使用了嵌入式系统的计算机。

嵌入式系统集应用软件与硬件于一体，主要由嵌入式处理器、相关支撑硬件、嵌入式操作系统以及应用软件系统组成，具有响应速度快、软件代码小、高度自动化等特点，尤其适用于实时和多任务体系。在嵌入式系统的硬件部分，包括存储器、微处理器、图形控制等。在应用软件部分包括应用程序编程和操作系统软件，但其操作系统软件必须要求实时和多任务操作。在我们的生活中，嵌入式系统几乎涵盖了我们所有使用的电器设备，如数字电视、多媒体、汽车、电梯、空调等电子设备，是真正做到无人不在使用嵌入式系统。

但是，嵌入式系统却和一般的计算机处理系统有区别，它没有像硬盘一样那么大的存储介质，存储内容不多，它使用的是闪存（flash memory）、eeprom 等作为存储介质。

（二）嵌入式计算机的应用

1. 嵌入式计算机在军事领域的应用

最开始，嵌入式计算机就被应用到了军事领域，比如它在战略导弹 MX 上面的运用，这样可以很大程度上增强导弹击中目标的速度和精准性，对此，主要就是运用抗辐照加固未处理机。在微电子技术不断发展的情况下，嵌入式计算机今后在军事领域的运用只会增多，现如今对我国 99 式主战坦克也有涉及。

2. 嵌入式计算机在网络系统的应用

众所周知，要说嵌入式计算机在哪方面运用最多，那便是网络系统了。它的使用可以让网络系统环境更加便捷简单。如在许多数字化医疗设施中，即便是同样的设计基础，但是，仍然可以设立不一样的网络体系，除此之外，这种方法还可以大大减少网络生产成本，也可以增加使用寿命。

3. 嵌入式计算机在工业领域的应用

嵌入式计算机技术在工业领域方面的运用十分广泛，既可以加强对工程设施的管理和控制，又可以运用这种技术对周边状况以及气温进行科学掌握，这样一来，可以确保我们所用设施持续运转，也可以达到我们所想要达到的理想效果。

除了所列举的三种应用方面，其实还有很多领域都要运用到嵌入式计算机，比如监控领域、电气系统领域等，这项技术给人们带来的成果无法估量。

二、嵌入式计算机的现状分析

最开始嵌入式系统概念被提出来的时候，就获得了当时不错的反响，它以其高性能、低功耗、低成本和小体积等优势得到了大家的青睐，也得到了飞速的发展和广泛应用。但是当时技术有限，嵌入式系统硬件平台大多都是基于 8 位机的简单系统，但这些系统一般都只能用于实现一个或几个简单的数据采集和控制功能。硬件开发者往往就是软件开发者，他们往往会考虑多个方面的问题，因此，嵌入式系统的设计开发人员一般都非常了解系统的细节问题。

然而随着技术的逐渐发展，人们的需求也越来越高，传统性的嵌入式系统也发生了很大的变化，没有操作系统的支持以及成为传统的嵌入式系统的最大缺陷，在此基础上，工程设计师们绞尽脑汁，扩大嵌入式系统使用的操作系统种类，可分为商业级的嵌入式系统和源代码开放的嵌入式操作系统。其中使用较多的是 Linux、Windows CE、VxWorks 等。

三、嵌入式计算机的未来发展

目前嵌入式系统软件在日常生活的应用已经得到了大家的认可，它不仅可以加快我国的经济发展，还可以实现我国当前的经济产业结构转型。但继续向前发展仍然需要技术人员的不断努力，在芯片获取、开发时间、开发获取、售后服务等方面，也需要加强。很多大型公司也在尽力研究高性能的微处理器，这无疑为嵌入式计算机的发展打下了良好的基础。

由于嵌入式计算机的用途不一，对硬件和软件环境要求差异极大，技术人员也在想办法解决此问题，目标是推进嵌入式 OS 标准化进程，这样会向更多大众所适应的那样，更加方面地裁剪、生产、集成各自特定的软件环境。但值得肯定的是，在嵌入式计算机未来的发展中，会被越来越多的领域锁运用，它将渗入我们生活大大小小的方面。

总而言之，在科学技术不断发展的情况下，嵌入式系统在计算机的运用已经逐步占据了我们的生活，融入了我们的日常。嵌入式系统不仅有功能多样化的特点，形态和性能也足够巧妙，还为我们带来了一定的便捷，对计算机的损耗也大大减少，也大大提高了计算机的稳定性。嵌入式计算机改变了以往传统计算机的运行方式，拥有更多有点和功能。综上所述，嵌入式计算机使我国的科技发展向前迈进了很大一步，也让计算机技术有了很大的提高。对于未来，嵌入式计算的作用和价值往往会超乎我们的想象。

第三节 地图制图与计算机技术应用

计算机技术的高速发展背景之下，极大的推动很多行业的全面发展，其中就有地图制图领域，该领域逐步的实现数字化转变和应用。地图制图与计算机技术融合起来，可以更好地提升工作的效率和数据的精确度。本节具体分析当前地图制图环节中的主要理论，然后了解该领域与计算机技术的融合应用，希望可以更好地促进地图制图领域的全面发展，极大的促进该领域的全面发展。

一、地图制图概论

（1）地图制图通常也可以叫作是数字化地图制图，这是在计算机技术融合所改变的，按照这种方式，也可以称之为计算机地图制图。在实践操作中，在原有地图制图的基本原理，应用计算机技术辅助进行，同时，也融合了一些数学逻辑，可以更好地进行地图信息的存储、识别与处理，最终可以实现各项信息的分析处理，再将最终的图形直接输出，可以大大提升地图制图工作效率，数据的精确度也更高。

（2）要想综合的掌握数字地图制图，就应该充分的了解和分析数字地图制图所经历的过程。从工作实践分析，数字地图制图主要可以分成四个步骤。首先，应该充分地做好各项准备工作。数字地图制图准备阶段，和传统的地图制图准备工作是相似的。为了能够保证准备工作满足实际工作需要，还需要应用一系列的编图工具，并且对于各项编图资料信息进行综合性的评估，进而可以选择使用有价值的编图资料。按照具体的制图标准，应该合理的确定地图具体内容、表示方法、地图投影，还要确定地图中的比例尺。

其次，做好地图制图的数据输入工作。数据输入就是在地图制图时将所有的数据信息实现数字化的转变，就是将各项数据信息，包含一些地图信息直接转变成为计算机能够读取的数字符号信息，进而可以更好地开展后续的操作。在具体的数据输入环节，主要是将所应用的全部数据都输入到计算机内，也可以选择使用手扶跟踪方式来将数字信息输入到计算机内。

再次，将各项数据编辑与符号化工作，在地图制图工作环节，将各项数据都输入到计算机系统内，然后就要将这些数据实现编辑与符号化处理。为了能使得这些工作可以高效、准确的完成，必须要在编辑工作前进行严格的检查，保证各项输入的数据都能够有效的应用，且需要对各项数据进行纠正处理，保证数据达到规范化的标准。在保证数据信息准确无误之后，就要进行特征码的转换，然后是进行地理信息坐标原点数据的转化，统一转变成为规定比例尺之下的数据资料，且要针对不同的数据格式进行分类编辑工作。上述工作完成之后，就要进行数据信息编制，在该环节中，要对数据的数学逻辑处理，变换相应的地图信息数据信息，最终就能够获取相应的地图图形。

（3）地图制图的技术基础。要想全面的提升地图制图工作效率和质量，最为关键的技术就是计算机中的图形技术。将该技术应用到实践中，就能够满足地图抽象处理的需要。此外，计算机多媒体等先进的技术也可以应用到实践中，从而可以满足地图制图工作的需要。

（4）地图制图的系统的构成。在地图制图系统的应用过程中，需要由计算机的软硬件作为支持，同时还需要各种数据处理软件，这是系统的主要组成部分。

二、地图制图与计算机技术的应用

地图制图技术所包含的内容比较多，从实际情况分析，包含地图制作与印刷、形成完善的图形数据库。地图图形的应用和数据库联系起来，可以更好地展示出地图图形，然后再应用到数据库中进行显示、输入、管理与打印等工作，最终可以输出地图信息。地图制图系统除了上述几个方面的应用外，还能够使用到城市规划管理、交通管理、公安系统的管理等方面，同时，还能够应用到工农矿业与国土资源规划管理过程中，所发挥出的作用是巨大的。

比如，将地图制图技术应用到计算机系统之后，然后进行城市规划的管理与控制，可以更好是实现地图信息的数字化转变，并且将各项地图数据信息直接录入到数据库内，并且将制作完成的数据库信息，就能够开始对城市规划方案进行确定，且能够实现输入、接边、校准等处理，最终就能够直接形成城市规划数字化地图形式。将该制作完成的数字化图形再次利用到数据库信息来进行各项数据的管理，从而可以满足系统的运行需要。为了能够使得城市规划地图制图工作可以有序地开展，还应该根据实际工作的需要建立城市地形数据库信息，数据库中包含了完善的城市地形相应的数据信息，具体就是用地数据、经济发展数据、人口分布数据、水文状态数据等方面，再应用 SQL 查询，给城市规划决策的制定提供良好的基础。

例如，在某行政区图试样图总体图像文字处理的过程中，采用 Mierostation 进行图形制作，然后使用的 Photoshop 进行图像处理，通过处理的图像文字采用 CorelDarw 及北大方正集成组版软件组版。在该过程中，图形制作对测绘生产部门首要解决的问题，在实践中，彩色图和画线地图不同，需要对它的线状要素考虑，还需要对面状要素普染颜色及层分布问题。故而，通过计算机技术的应用，能够全面的满足以上问题的叙述要求，大大地提升了地图制图的效率。

数字化地图能够使用的范围是比较大的，除了上述几个方面之外，还可以应用到商业、银行、保险、营销等领域内。比如，数字化地图在银行工作中的应用，可以充分地了解银行网络在城市、农村等地区的分布情况，此时可以根据实际情况来确定银行设置的网点，给银行管理者确定发展规划提供有力的支持，促进银行发展。

综上所述，地图制图与计算机技术有效的融合到一起，能够更好地实现数字化转变，可以更好地提升应用效果。该技术的应用是比较广泛的，各个领域的发展都能够起到积极的推动作用，使得城市发展前景更加宽阔，极大的推动社会的发展和进步。

第二节　企业管理中计算机技术的应用

随着科学技术的高速发展，互联网技术以及计算机技术也在快速发展着，并且已经深入学校教学、企业办公和人们的日常生活当中。计算机技术在企业中越来越深入，作用也日趋加深，变得不可替代。虽然我们已经将计算机技术不断加强改进，运用到企业的管理当中，但是未来计算机仍旧具有发展空间。本节就对企业管理中的计算机技术的应用进行了研究探讨。

计算机技术的开发与使用对于企业管理来说打开了一个新的思路。在计算机技术的辅助下，企业管理的质量和效率都得到了很大的提高。所以，企业也越来越意识到计算机技术对于企业运营的重要性，并且也都加入到了使用计算机技术完成企业管理工作的队伍中。但如何更好地在企业管理中发挥计算机技术的作用还需要进一步研究探索。

一、计算机技术的优点

近些年来，随着科学技术的不断发展，计算机技术与互联网技术的发展势头迅猛。把计算机技术运用到企业中可以提高工作效率、增强企业的综合竞争力，而互联网的产生又催生了新型的企业模式，即互联网公司。可以说，计算机技术的应用使企业的管理更加稳定，计算方法更加简单、便捷。各大企业将计算机技术广泛地应用到企业日常的管理和计算中时，节约了企业的人力和物力的支出，这就相当于为企业节约了运营成本。虽然节约成本也是计算机技术的另一大优势，但把计算机技术运用到企业中也绝不仅仅只有这些优点。

计算机技术在企业管理中具有系统性管理和动态性管理的特点，互联网的应用又可以使企业能够对项目的情况和进展做到实时监控和管理。这种实时的监控以及管理能够有效地提高工作效率，将项目的进度和现场情况实时反馈给企业的管理层，让企业了解项目的情况，及时对方案和进度做出调整指示，还能够提供更多的资金周转时间，让企业的管理层成员了解企业的运营情况，为企业争取更大的利益。

随着现代经济的高速发展，企业想要跟上经济形势，就必须具备一个移动的办公室。这个办公室可以随时随的进行操作和计算，及时掌握企业经营状况，传统的企业管理方法根本无法做到这一点。然而，计算机技术却可以帮助企业解决这一困难。在这种管理方法和管理模式之下，企业的管理层可以随时对企业进行监督、查询和远程指导。这样既帮助企业节省了人力、物力、财力，又保证了数据的安全性，使企业在管理上能够更加科学化、现代化。这些优势可以使企业在管理中更加高效、简洁，从而提高企业的综合竞争力。

二、企业管理对于计算机技术的要求

第一，降低计算机技术成本。企业运营的目的就是盈利，所以，企业在计算机技术方面的要求第一个就是成本问题。企业希望计算机技术可以在企业的管理运营中带来经济效益，但同时又能够降低计算机技术的成本，减少企业的经济支出，增加利润。

第二，提供稳定的平台和处理方式。人事和行政两个部门，一般都需要处理一些细节性的事情，包括数据的整理等。但是这些工作往往需要耗费大量的人力资源，不仅耗费时间和精力，而且对于企业来讲，这样的工作方法根本就没有什么效率可言。工作效率低下会使企业的管理层不能够及时正确地接收内部的信息，致使管理者做出不恰当的决策。企业的管理和战略决定着这个企业的未来发展，其需要稳定的平台和有效的处理方式。这就需要计算机技术利用自身的稳定性和有效性解决企业管理中的这一难题。

第三，信息数据的安全性。企业的基本管理包括人力资源管理、生产材料分配、生产进程、项目进度、财务管理等内容。涉及这些方面的数据以及信息对于企业来说都是非常重要的资料，所以，一定要保证它们的安全性。这就需要计算机技术可以通过自身的优势来帮助企业实现这一愿景。

三、计算机技术在企业管理中的应用

（一）计算机技术在财务方面的应用

财务部门对于企业来说是一个核心的部门，财务的数据信息能够直观地反映出企业的经营状况。传统的财务管理存在费时费力的问题，并且还不能够及时准确地接收市场的一些动态的信息，不能够保证持有信息的安全性，这也给企业埋下了信息安全隐患。但是计算机技术的应用改变了传统财务管理的方式方法，不再需要费时费力地整理大量的财务数据，可以运用计算机技术的运算系统来完成。并且在信息传递方面，能够及时准确地将信息传递给相关人员，不会因为人力、物力的匮乏，造成信息的延迟传递现象，避免给企业带来经济损失。计算机技术在财务管理方面的应用能够及时反馈实时信息，让领导在作决策时根据当前的环境给出恰当的判断和决定，提高了企业的工作效率。

（二）计算机技术在人力资源方面的应用

在传统的企业管理模式当中，人力资源管理主要就是掌控和管理信息。当人力资源部门面对大量的数据以及信息的时候，就需要大量的人力和物力对这些信息进行分类整理，耗时、耗力。但是运用计算机技术之后，就可以简单快速地将这些数据进行分类和统计，不用再像以前一样需要那么多的人力和物力。况且，人工整理也很有可能因为个人的状态问题或者其他的因素对数据的整理、统计产生偏差。但是，计算机技术就可以有效地避免这一点，提高了工作效率、节省了人力资源工作成本。

（三）计算机技术在企业资源管理方面的应用

企业的资源管理包括人力资源管理、生产物料管理、财务信息管理、企业运营活动等。

资源的安全性对于企业来说非常重要，它关系着企业是否能够正常经营，完成生产和销售环节，是企业的发展命脉以及生产经营的基本保障。计算机技术的安全性是毋庸置疑的，它能够有效地解决企业资源管理的信息安全问题。计算机技术还可以帮助企业更有效地分类和整理信息，对于库存的信息也能够及时登记，协助企业的领导层更好地进行组织活动。

（四）计算机在企业生产方面的应用

在现代的生产类企业当中，新产品的研发需要投入相当大的人力、物力和财力。为了增强企业在整个市场当中的综合竞争力以及核心优势，企业的研发人员就可以使用计算机技术来完成新产品的开发。这样可以节约大量的人力成本和研发资金的投入，从而有效地为企业节约成本。

四、计算机技术在企业管理中存在的问题

（一）对计算机技术的重视度不够

由于客观条件的影响，人们的思想还没有跟上经济发展的步伐，对于计算机技术的认识还未达标。对于一大部分企业来说，管理层多为年纪较大的人员，所以，他们对于新鲜事物的接受和适应能力较差。很多企业的管理层并没有认识到计算机技术对于企业管理的重要性，更没有认识到计算机技术能够为企业带来良好的经济效益。领导者在企业的发展中扮演着至关重要的角色，他们的态度影响着企业管理和经营的模式。他们对于计算机技术的不理解、不支持，也直接导致企业对于计算机技术的不重视。计算机技术的优势在这样的企业中难以发挥，而企业的宝贵资源也会被浪费。

（二）没有明确的发展目标

计算机技术的高速发展在一定程度上也推动了企业管理的发展，但在我国的大部分企业中并没有制定明确的基于计算机技术之上的企业发展目标。由于没有指导思想，企业管理的发展也受到了不同因素的制约。还有一些企业不太相信计算机技术在企业管理方面的优势，对于这一切还持有观望的态度。这也导致部分企业还是倾向于传统式的企业管理，其不仅影响了企业的办公效率，也阻碍了企业综合竞争力的提高。

五、计算机技术在企业管理中的改善措施

（一）提高对于计算机技术的认识水平

首先，需要帮助领导者认识到计算机技术在企业管理中的优势和作用，使领导者在企业管理中对于运用计算机技术持有支持的态度，进而为基于计算机技术的企业管理创造良好的条件。其次，企业的领导者应该有意识地学习关于计算机技术下的企业管理知识，然后安排公司进行培训，让企业员工都能够掌握计算机技术，以及认识到计算机技术对于企业管理的重要性。计算机技术只有得到领导层和员工的一致认可，才能有效促进企业管理水平的提高。最终达到提高企业的工作效率，避免资源浪费、降低成本、增强企业的综合竞争力的目的。

（二）制定明确的发展目标

明确的发展目标为基于计算机技术的企业管理指明了道路。有了指导思想才能够更好地发展计算机技术，使计算机技术在企业管理方面发挥它的优势。对于一些中小型企业来说，其计算机技术发展目标大体上可以确定为提高企业的工作效率，降低企业的运营成本，节约资源等。对于大型企业来说，将计算机技术应用到企业管理当中，应该达到增强企业自身的核心竞争力，提高企业在市场中的综合竞争力的目的。

计算机技术对于企业管理来说有着至关重要的作用。它能够简化企业管理的方式、提高企业的工作效率、降低企业的运营成本，科学有效地管理企业。只有重视计算机技术在企业管理中的应用，才能最大限度地发挥出它的作用，在提高企业效益的同时让企业在市场竞争中站稳脚跟。

第三节　计算机技术应用与虚拟技术的协同发展

随着我国科技的不断发展，虚拟技术随之出现在了人们的生活当中。虚拟技术的到来不仅在极大的程度上给人们的生活带来了便捷，而且在一定程度上推动了我国社会经济的发展。虚拟技术主要指的是一种通过组合或分区现有的计算机资源，让这些资源表现为多个操作环境，从而提供优于原有资源配置的访问方式的技术。虚拟技术作为一种仿真系统，其生成的模拟环境主要是依靠计算机技术进行的。随着我国现在计算机技术的进一步发展，虚拟技术已经成为信息技术中发展最为迅速的一种技术。本节也将针对计算技术应用与虚拟技术的协同发展进行相关的阐述。

随着我国经济的不断发展，我国的科学技术随之得到了相应的更新。在如今这个先进的时代当中，虚拟技术随之营运而生，虚拟技术作为一种仿真系统，虚拟技术的到来无疑在很大的程度上促进了我国社会经济的进一步发展，在进入到信息时代后，计算机技术应用也逐渐得到了人们的广泛关注。在经济发展速度逐步加快的过程中，虚拟技术与计算机技术应用的关系变得日益紧密。针对计算机技术应用与虚拟技术的协同发展，本节将从虚拟技术的概述与特征、虚拟技术在计算机技术中的应用、以及计算机技术应用与虚拟技术的协同发展这三个方面进行相关的阐述。

一、虚拟技术的概述与特征

（一）虚拟技术的概述

随着我国科技的不断发展，人们逐渐进入了信息时代。在信息时代当中，信息技术的发展变得越来越迅速，在这种情况之下，虚拟技术随之营运而生。对于虚拟技术而言，虚拟技术的基础组成部分主要可分为三个方面，分别是：计算机仿真技术、网络并行处理技术、以及人工智能技术。这三种技术作为组成虚拟技术的重要部分，是虚拟技术不可缺少的。此外，虚拟技术除了不能缺少这三个基础之外，更是需要借助计算技术对其进行辅助，因为只有计算机技术的辅助，虚拟技术才能进行事物模拟。为了能够让虚拟技术在计算机技术中得到更好的应用，相关人员除了需要不断的对其进行研究之外，更重要的是在计算机信息技术快速发展的过程中，对计算机技术的发展历程进行研究。

（二）虚拟技术的特征

上述针对虚拟技术的概述进行了相关的阐述，总的来说，虚拟技术给人们生活带来的好处是毋庸置疑的，而为了让虚拟技术在今后得到更好的发展，以及对虚拟技术有足够的认识，相关人员就需要加大对其的研究。对于虚拟技术而言，由于虚拟技术是在网络技术、人工智能、以及数字处理技术等多种不同信息技术中发展起来的一种仿真系统。所以虚拟技术也将拥有着许多的特征。本节将通过以下三个方面，对虚拟技术的特征进行相关的阐述。一是，虚拟技术有着良好的构想性。所谓构想性，其主要指的就是使用者借助虚拟技术，从定量与定性的环境中去获得理性的认识，在获取的过程中所产生的创造性思维。虚拟技术之所以具有良好的构想性，其原因主要是，虚拟技术能在一定程度上激发使用者的创造性思维。二是，虚拟技术的交互性。虚拟技术作为一种人际交互模式，在使用时，所创造的一个相对开放的环境主要是动态的。虚拟技术的交互性主要指的是，使用者利用鼠标与电脑键盘进性交互，除此之外，使用人员也可利用相关设备进行交互。在交互的过程当中，计算机会对使用者的头部、语言、以及眼睛等动作的进行调整声音与图像。三是，虚拟技术具有沉浸性。对于虚拟技术而言，虚拟技术主要的工作原理是，通过计算机技术来构建一个虚拟的环境。虚拟技术所创造出的环境与外界环境并不会产生直接性的接触，由于虚拟技术所创造出的环境有着很强的真实性，所以使用者在体验的过程中就会沉浸在其中，正是因为虚拟技术拥有良好的沉浸性，可以吸引使用者的注意力，所以现如今虚拟技术已经被逐渐运用到了各个领域当中。

二、虚拟技术在计算机技术中的应用

通过上述可以了解到，虚拟技术的特征将给人们的生活带来更大的益处，针对虚拟技术，相关人员更是需要对其加以研究，使之在今后得到更好的发展。当然，在时间的不断推移之下，虚拟技术在计算机技术中的应用也变得越来越广泛。自我国第一台计算机诞生之后，我国计算机技术的发展速度就变得越来越快，计算机技术的迅速发展，也使得新型计算机随之应运而生。针对目前我国市面上的计算机来看，现在市面上的计算机已经变得十分轻薄，且拥有着许多智能化的功能。虽然目前我国的计算机普遍都已经智能化，但在计算机技术智能化发展的过程中，传统计算机却面临了许多严峻的挑战。针对这些严峻的挑战，相关人员也采取了许多的解决措施，其主要表现在以下几点：一是，相关人员首先在计算机研发原理上进行了突破，且在虚拟技术上取得了较快的发展，尤其是多功能传感器相互接口技术在虚拟技术中的作用变得越来越突出。二是，对计算机性能与智能化性能进行了优化升级，在计算机性能与智能化性能的不断优化升级过程中，虚拟技术对其起到了十分积极的作用。将现如今的计算机人机界面与传统的人机界面相比较的化，可以明显看出，虚拟技术很多方面都取得了进步。

三、计算机技术应用与虚拟技术的协同发展

随着我科技的不断发展，多媒体技术随之出现在了人们的生活当中，并得到了人们的广泛应用。对于对媒体系统而言，多媒体系统作为计算机技术应用中的一种，利用多媒体会议系统，可以将多媒体技术、处理、以及协调等各方面的数据，如：程序、数据等的应用共享，创造出一个共享的空间。此外，多媒体系统也可以将群组成员音频信息与成员的视频信息进行传输，这样不仅可节省许多的时间，而且方便成员之间相互传递信息。

总而言之，随着我国经济的不断发展，虚拟技术随之出现在了人们的生活当中，虚拟技术与计算机技术是密不可分的，通过对计算机技术应用与虚拟技术的协同发展的阐述，可以知道，想要虚拟技术得到更好的发展，就需要对其计算机技术，以及相关应用加以研究。

第四节　数据时代下计算机技术的应用

本节在数据时代的背景下，探讨如何科学、合理运用计算机技术为企业服务，这也是当前人们研究的重点问题。基于此，本节主要分析了数据时代下的计算机信技术的应用关键，期望能够对有关单位提供参考与借鉴。

自二十世纪八十年代以来，全球信息技术快速发展，特别是 Internet 网的出现和普及，让信息技术迅速的渗透到了社会各个角落，其也标志着全球信息社会的成形，信息化成为人们一直的实际潮流。在数据时代下想要满足计算机技术的应用要求，就需要对计算机信息处理技术进行研究分析。

一、数据时代下的计算机信息处理技术研究

（一）计算机信息采集技术和信息加工技术的研究

在数据时代发展背景下，有关工作人员想要有效地将计算机信息处理技术进行创新发展，就必须要根据其发展现状与存在的问题研究出一些有效策略，首先，笔者认为需要对计算机信息采集技术进行全面的改善创新，将原本存在的不足之处弥补，要明白计算机信息集采技术不单纯是进行信息数据的收集、记录以及处理等工作，还要对信息数据进行有效的控制监督，将所收集到的相关信息书籍全部记录在案，纳入数据库中。其次为了符合数据时代下计算机技术的应用发展，必须要加强对计算机信息加工技术的研究创新工作，必须要都按照用户的需求来对不同种类信息数据进行加工，然后在加工完成后传输给用户，从而为计算机信息处理技术提供足够的基础，让整合计算技术应用得到有力地保障。

（二）计算机信息处理技术研究

在以前信息数据网络都是通过计算机来进行信息数据的收集、记录以及处理等工作，

所具有的操作空间较小，使得计算机技术的应用受到了一定限制。而在数据时代的发展背景下，可以通过云计算网络来开展以前的一系列工作，让计算机技术应用的操作空间变得越来越大，而计算机信息处理技术在数据时代下所展现出的优势也逐渐明显，被人们所重视。

（三）计算机信息安全技术的研究

在数据时代下，笔者认为可以从三个关键点对其进行计算机信息安全技术的提升：

（1）在数据时代下传统的计算机信息安全技术已经无法紧跟时代的发展步伐，满足不了人们对于计算机技术应用的需求，因此必须要不断地研发新的计算机信息安全技术产品，为数据时代下的计算机信息数据带来有效地安全保障。

（2）相关工作人员在研究新的计算机信息安全技术产品时，必须要健全完善计算机安全性系统，构建出一个科学合理且有效地计算机安全体系，并且在这个过程中必须要保证资金的充足，加强对有关人员的培训工作，争取为我国培养出具有专业性的优秀计算机技术人才，为我国的计算机信息安全技术研究工作作出更大地贡献。

（3）最后在数据时代下，我们必须要重视对信息数据的实时检测工作，因为数据时代下的信息数据种类繁多，且信息量非常大，如果在信息数据进行收集、记录以及处理等工作时没有实施检测。那么极有可能出现安全隐患，所以必须要有效地运用计算机技术，对信息数据进行实时检测，确保这些信息数据具有足够的安全可靠性。

二、数据时代下计算机信息技术系统平台的构建研究

（一）构建虚拟机与安装 Linux 系统

在数据时代下，计算机所应用的 Linux 系统是当前最新的版本，在对其进行构建时，必须要重视静态 IP、主机名称等因素。在一定的程度下来讲，想要在 IBM 服务器中创建出独立虚拟机，必须要为其打造出一个具有极强操作性的系统，当本地镜像晚间建立后就可以进行 Linux 系统的安装，并且在这个过程中一个服务器是可以安装两个甚至更多的虚拟机的。通过这样的方式不仅能够提升虚拟机与安装 Linux 系统的构建效果，还能为构建工作节约大量地时间。

（二）计算机服务器硬件以及其他方面的准备工作

在进行计算机信息技术系统平台的构建时，需要注意计算机服务器硬件的基础条件。在计算机服务器硬件中是需要多个 IBM 服务器的，在安装完成后还要对其进行检测，确保这些 IBM 服务器能够安全稳定地运行，其他方面的工作主要是对静态 IP 以及相关系统的构建以及检测工作，确保其性能，使得整个运行具有安全性和可操作性。

（三）Hadoop 安装流程分析

在完成前面的工作以后，就可以进行 Hadoop 安装工作，在进行 Hadoop 的安装时，必须要为其配置相关文件，然后在相关文件配置后，开始 JAVA 的安装工作以及 SSH 客户端登录操作，在这个过程中还可以合理地运用命令安装，在安装完成后必须要设置相关的

密码（包括了登录密码、无线密码等等）。必须要让逐渐点生成一个密钥对，要将密钥进行公私划分。并还要把公钥复制到 slawe 中，把相关的权限调整为对应的数据信号，在今后就能够迅速且精简地进行密钥对，使得公钥追加授权的 key 程序中，最后，再通过一系列的操作使得 Hadoop 的安装流程变得简单易操作。

三、数据时代下的计算机信息收集技术研究

（一）数据采集技术

在大数据出现之前，尽管大家都知道普查是了解市场最好的一种调查方式，但由于普查范围太广、成本太高，因而导致企业难以进行有效的普查。而大数据的出现，从根本上改变了传统调查难以进行普查的局面。但在实际的调查工作中，需要根据任务目标，明确样本采集的总体，而其主要内涵是，通过企业自身产品定位，来确定具体的客户群体，并基于该类客户群体，实施市场调查。如：针对汽车产品，首先要明确用户的使用场景，和使用习惯，从而能够基本确定其消费层次。结合大数据，能够还能够了解到这类用户的年龄分布和消费习惯。在确定消费层次、年龄分布等信息之后，就能够有针对性地进行相应的市场调查。

同时，在进行数据采集的过程中，需要采用高效的数据采集工具。由于大数据所具有的特点，所以实际的数据采集工作中，所需要面对的数据量巨大、所需要分析的内容和具体方面也非常多，所以采用必要的工具来进行数据收集，可以有效地提高数据采集的效率和分析效率。在数据采集中，可以通过日志采集的方法来实现。日志采集是通过在液面预先置入一段 javaScript 脚本，当页面被浏览器加载是，会执行该脚本，从而搜集页面信息、访问信息、业务信息及运行环境等内容，同时，日志采集脚本在被执行之后，会向服务器端发送一条 HTTPS 的请求，请求内容中包含了所收集的到信息。在移动设备的日志采集工作中，是通过 SDK 工具进行，在 APP 应用发版前，将 SDK 工具集成进来，设定不同的事件、行为、场景，在用户触发相应的场景是，则会执行相应的脚本，从而完成对应的行为日志。

（二）数据处理技术

在完成数据的采集之后，相关数据质量可能参差不齐，也可能会存在一定的数据错误，因此在对大数据进行分析和利用之前，需要解决大数据的处理和清洗问题。在进行数据清洗过程中，可以通过文本节件存储加 Python 的操作方式进行数据的预处理，以确定缺失值范围、去除不需要字段、填充缺失内容、重新取数的步骤来完成预处理工作。其次要针对格式内容，如时间、日期、数值等显示格式不一致的内容进行处理，以及对非需求数据进行处理。通过删除不需要字段的方法，可以完成一些数据清洗工作，而针对客服中心的数据清晰，则需要进行关联性验证步骤。例如，客户在进行汽车的线下购买时预留了相关信息，而客服也进行了相关的问卷，则需要比对线上所采集的数据与线下问卷的信息是否一致，从而提高大数据的准确性。

（三）数据分析技术

数据分析直接影响到对大数据的实际应用。数据分析的本质是具有一定高度的业务思维逻辑，因此，数据分析思路需要分析师对业务有相当的理解和较广的眼界。在进行数据分析时，首先要认同数据的价值和意义，形成正确的价值观。其次在进行数据分析时，要采用流量分析，及通过对网站访问、搜索引擎关键词等的流量来源进行分析，同时要自主投放追踪，如投放微信文章、H5 等内容，以分析不同获客渠道流量的数量和质量。数据分析的目的是为企业的决策提供依据。因此，进行数据分析时，需要通过报告的形式来对数据内容进行反映，在报告中，要明确数据的背景、来源、数量等基本情况，同时需要以图表内容来进行直观表现，最后需要针对数据所反映的问题进行策略的建议或对相关趋势的预测。

综上所述，在数据时代下，计算机技术的应用应当学会创新发展，跟上时代的发展步伐与社会需求来充分地运用相关技术，将计算机技术在数据时代下的应用作用发挥到最大。

第五节　广播电视发射监控中计算机技术应用

随着社会的不断进步，计算机技术飞速发展，被广泛应用到不同行业、领域中，发挥着关键性作用。在广播电视行业发展中，计算机技术的应用可以动态监控广播电视发射设备，做好防护工作。因此，本节作者客观分析了广播电视发射监控中计算机技术的作用，探讨了广播电视发射监控中计算机技术的应用与前景。

在新形势下，广播电视发射监控已被提出全新的要求，必须优化利用计算机技术动态监控广播电视发射，避免广播电视发射受到各种因素影响，使其顺利传输各类信号，提高传输数据信息准确率。在应用过程中，相关人员必须综合分析各方面影响因素，结合广播电视发射的特点、性质，多角度巧妙利用计算机技术，实时监控广播电视发射中心，顺利实现广播电视发射，避免发射中出现故障问题。

一、广播电视发射监控中计算机技术的作用

（一）图像信号发射监控方面的作用

早期，呈现在大众面前的电视节目只有画面没有声音，随着音频传播技术的持续发展，当下电视顺利实现"音频、图像"二者同步传播，可以输出彩色的图像，在此过程中，计算机技术发挥着重要作用。在计算机技术的作用下，广播电视发射信息监控逐渐呈现出"精准化、智能化"的特点，和传统人工监测相比，更具优势、更加便捷，一旦广播电视发射监控系统运行中存在问题，便会及时作为报警提示，工作人员可以第一时间采取有效的措施加以解决，确保系统设备处于高效运行中。在新形势下，图像处理对计算机技术提出了更高的要求，可借助计算机技术，动态处理各类图片，对其进行必要的"个性化、加工"

设计，图像"设计、定位"等技术日渐成熟，精准定位图像信号频率，确保图像信号发射、远程监控同步进行，可远程动态监控电视节目画面，确保输出的节目画面更加精准，提高传输图像信号准确率的同时，促使广播电视节目图像更具吸引力。

（二）音频信号发射监控方面的作用

在社会市场经济背景下，广播电视音频信号发射技术日渐成熟，但在计算机技术没有应用于广播电视发射监控之前，音频信号极易受到内外各种因素影响，出现"变频、消失"现象，导致发射的各类信号无法以原形方式呈现在观众面前，电视节目画面质量较低，大幅度降低了电视节目收视率。而在计算机技术作用下，广播电视发射方面存在的一系列核心技术问题得以有效解决，可全方位动态监控音频与图像信号。也就是说，在传输中，如果出现故障问题导致变频，计算机系统会第一时间做出警报提示，工作人员可以结合一系列警报数据信息，展开维修工作、科学调整信号，在提高传输信息数据效率的同时，提高各类电视节目质量。

二、广播电视发射监控中计算机技术的应用

（一）广播电视发射设备

当下，在广播电视发射监控方面，计算机技术的应用日渐普遍化，是促进广播电视行业进一步向前发展的关键所在。就广播电视发射设备而言，是广播电视发射台运行中的关键性技术设施，由多种元素组合而成，比如，天线、馈线系统。在运行中，广播电视发射机会先将信号传输到对应的天线接收系统，在天线转化作用下，传输给不同类型的接收设备，才能呈现出对应的画面与信息。在传输信号过程中，必须保证发射设备不出现故障，能够稳定传输，呈现画面的同时播放各类信息。其中计算机处于核心位置，动态监控各类设备，看其是否处于正常运行状态，在对比分析各类信息数据的基础上，及时做出预警提示，确保工作人员第一时间实时"检测、调整"画面，如果发射机出现较为复杂的故障，系统会自动侦测故障问题，实现倒机，可以在一定程度上降低损失。

（二）广播电视发射监控中计算机抗干扰技术的应用

在广播电视发射监控系统的构建中，计算机技术被广泛应用，数据库技术、多媒体技术也被应用其中，可以实时远程控制广播电视发射设备，可构建合理化的远程局域网，实现更长距离的监控，有效访问系统设备。因此，笔者以计算机抗干扰技术为例，探讨了其具体化应用。

在新形势下，相关人员可以借助计算机技术，避免广播电视发射信号中受到干扰，确保传输的信息数据更加准确、完整。具体来说，广播电视发射监控极易受到相关干扰，空间电磁波、接电线干扰计算机设备信号，传输线缆内部数据中干扰计算机系统，急需采取可行的措施加以解决。在计算机技术作用下，相关人员需要先将干扰信号波加入空间传播电磁波信息好，优化利用以计算机为基点的信号处理部件，有效过滤来自各方面的干扰信号，可以巧妙利用屏蔽干扰成分形式，将出现的干扰波彻底消除，在满足各方面要求的情

况下尽可能减少接入的电线，避免干扰传输的一系列信号。在此过程中，相关人员必须确保各系统设备顺利接地，有效排除信号干扰，这是因为在高频电路中元件、布线的电容以及寄生电感极易导致接地线间出现耦合现象，要采用多点入地方法，综合分析各方面影响因素，坚持接地原则，采用适宜的接地方法，准确接地，避免出现高频干扰。对于低频电路来说，寄生电感并不会对接地线造成严重的影响，可采用一点接地方法，避免广播电视信号发射中受到干扰。同时，在解决接地线信号干扰问题时，相关人员可以巧妙利用平衡法，优化利用平衡双绞线，确保信息数据可在传感器输入与输出端口中传输，结合各方面具体情况，以电路为基点，有效地转换信号系统类型，尽可能降低系统信息数据传输的差模数值，充分发挥处于平衡状态的双绞线多样化作用，防止传输的各类信号被干扰。

（三）广播电视发射监控中计算机技术的应用发展方向

1. 信号准确分类再进行监控

随着社会经济飞速发展，各类数据信息层出不穷，相互干扰。在接收到海量数据信息之后，计算机技术与设备会先对其进行合理化分类再进行动态化监控。在应用过程中，计算机系统在信号方面的敏感度特别高，如果广播电视统一时间传输海量信号，计算机会逐一对其进行分类，并对其进行动态化控制，在一定程度上简化了监控操作流程，提高了监控整体效率。

2. 监控信号的同时有效检测外界信号

在新形势下，各类卫星频繁出现，比如，商用卫星、电视卫星，也就是说，在传输广播电视节目信号时，极易受到不同信号干扰，降低电视解决节目信号质量。在广播电视节目播放之前，相关人员可以巧妙利用计算机技术，准确检测外界各类信号。工作人员可以及时根据这些信号的干扰强度，进行合理化判断，通过不同途径采取有效的措施加以解决，避免传输的一系列广播电视信号受到干扰，在传送电视节目信号之前，制定合理化的预防方案，避免传输的信号被干扰，提高传输信息数据的准确率，提高信号传输质量。

总而言之，在广播电视发射监控方面，计算机技术的应用至关重要，相关人员必须根据该地区广播电视发射监控具体情况。从不同角度入手优化利用计算机技术，避免信号传输过程中受到干扰，动态监控设备系统，及时发现其存在的隐患问题，第一时间有效解决，提高系统设备多样化性能，处于安全、稳定运行中，为观众提供更多高质量的电视节目，满足他们各方面的客观要求。从而降低广播电视发射设备运营成本，提高其运营效益，促使新时期广播电视行业进一步向前发展，走上长远的发展道路，促进社会经济全面发展。

第六节　电子信息和计算机技术的应用

随着人类社会经济的快速发展，电子信息和计算机技术也日新月异，已经推动人类社会进入到了信息时代，其在人类社会各行各业中都扮演着极其重要的作用，已经成为人类社会不可或缺的一部分。尤其是在近些年，增长速度非常快，规模也在不断地扩大，在航天航空、信息中心、无线通信、汽车等领域已经得到了广泛的应用。

一、电子信息和计算机技术概述

电子信息技术是建立在计算机技术基础之上，二者相互依存和相互影响。电子信息和计算机技术主要研究自动化的控制，通过计算机网络技术进行维护，并且高效的采集数据信息，并传递和整合数据信息。通俗来讲，人类社会生产和生活中使用的有线和无线的设备、网络及通信相关都属于它们其中的一部分。电子信息和计算机技术具有应用广泛、通信速度快和信息量大、发展迅速的特点。

二、电子信息和计算机技术的应用

（一）航空航天方面的应用

现代航空航天产业中，电子信息和计算机技术无处不在，并且在整个产业中不可替代，例如利用计算机和电子信息设备进行航空航天相关产品的设计，飞机在飞行过程中航线的安排和控制、卫星控制和数据采集、火箭和神舟飞船的发射及控制等等。

同时，现在利用三维图形生成技术、多传感交互技术以及高分辨显示技术，生成三维逼真的虚拟环境（虚拟现实技术），是电子信息和计算机技术在航空航天上的新兴应用。利用电子信息和计算机技术建立起的飞机驾驶模拟系统，驾驶学员可以戴上与系统匹配好的头盔、眼镜或者数据手套。或者利用更加直接的键盘和鼠标等输入设备，进入虚拟空间，进行"真实"的交互训练，并且系统能够模拟出各种的飞行状况，更好更加全面地对飞行员进行培训，感知和操作虚拟世界中的各种对象，避免在现实中出现操作失误，发生严重安全事故。

（二）汽车方面的应用

随着人类经济的发展，汽车已经走进千家万户，对人类生活起着举足轻重的作用。随着电子信息和计算机技术的发展，在传统汽车领域的基础之上，出现的汽车信息电子技术化已经被公认为是汽车技术发展进程中的一次革命。

当前汽车电子技术主要是利用电子信息和计算机数据采集、控制和管理的作用，向集中综合控制发展。如以下举例：

（1）汽车在行驶过程中的刹车和牵引力分配控制中采用的制动防抱死控制系统（ABS）、牵引力控制系统（TCS）和驱动防滑控制系统（ASR），不同的模块间是通过线路连接，采集相关数据，最后传输到小型计算机CPU进行计算，并产生反馈控制，大大地提升了车辆行驶过程中的协调性、平稳性和安全性。

（2）为了提高燃油的效率，发动机上也会安装燃油控制系统，它能够按照点到设定的程序，精准的控制燃油量。

（3）电子信息和计算机技术在汽车中新型应用：

①无人自动驾驶技术：通过计算机对各种路况的信息的采集，并处理反馈，达到无人驾驶的目的。目前自动驾驶汽车已经研发出来，并投入使用，例如，美国的特斯拉公司。我国比亚迪公司也在进行相关的研发，相信在不久的将来我们也会有无人驾驶汽车在道路上行驶。

②驾驶人员行驶状态检测技术：在汽车驾驶舱内安装一些传感器探头，可以随时随地捕捉驾驶员的状态和一些行为，并将相关信息传输到计算机 CPU 内进行分析判断，检测出驾驶员是否有酒驾、疲劳驾驶的情况等，并可以自动发出提醒警报。

③智能识别技术：可以通过对车主的指纹、声音以及视网膜等信息进行采集，并输入到数据库内，让车辆只能在车主这些信息下启动，能够提高车辆的防盗性能。

④车联网技术：将多台车辆的信息通过电子传感器连接到一台计算机上，通过计算机对这些车辆的信息进行统一的分配和处理。

电子信息和计算机技术与汽车制造技术的结合已成为必然的趋势，汽车产业会朝着智能化和信息化的方向不断发展，为人类提供更好更安全的体验。

（三）现代教育和教学方面的应用

之前的教育教学方式一般直接采用图表、模型、手口相传、进行实验等直观教学的手段。但是，在 21 世纪的今天，我们所处的环境是经济和知识高速发展的时代，以电子信息和计算机技术为核心的现代教育技术在教育领域中的应用，全面推进素质教育，已成为衡量教育现代化水平的一个重要标志。

电子信息和计算机技术在现代教育和教学上的应用包括：

（1）远程和网络教学：它是基于卫星通信技术，利用计算机为依托进行的一种教学方式。现在各高中和名校合作办学，可以共享名校的教育资源，同时，网络上兴起的微课学习和各种自学的教程，都是电子信息和计算机技术在教学手段上的体现。

（2）多媒体教学形式：它是基于计算机多媒体技术建立而成，取代了传统的手口相传的方式，在课堂利用语言实验设备、电子计算机辅助教学系统可极大地实现教学过程的个性化，真正做到因材施教，加入了更多的图片、动画和音像资料，把学习由枯燥变得更加生动形象；由于具有多重的感官刺激、传输的信息量大而且速度快、使用方便和交互性强等优点，其在教育领域的发展势头已经成为如今的主流。

（3）翻转课堂：由于电子信息和计算机技术的不断发展，现在的老师和学生之间，已经可以从原来的老师主导教学转变为学生主导教学。学生借助于各类学习 APP 和互联网上老师录入的学习视频，学生可以随时随地自主高效的学习，提高了学生的参与度，节约了教育资源。

（4）随着大数据时代的来临，各个学校图书馆也建立起了电子图书馆，资源丰富，能够方便学生查阅和阅读相关的书籍，对学生的学习效率和阅读效果都有非常大的帮助。

（四）人类社会生活方面

近十年来，各种基于电子信息和计算机技术而出现的各种新奇的发明创造和新技术对人类社会生活质量的提高起着极其重要的作用。

（1）智能手机、电脑和互联网的应用。现在人类社会已经进入了互联网时代，人们人手一部智能手机，家里也有电脑，再加上光纤信息技术和 WIFI 技术的普及，使人们在信息获取、存储和互换上更加方便和快捷，拉近了世界的距离。现在不单单是语音通话，人们可以随时随地与其他人进行视频沟通或者拍摄短片上传于网络上进行互动交流。

（2）网络购物和支付系统。电子信息和计算机技术开发出的网络购物，使得人们能够足不出户地买到想要的东西。特别是各类购物 APP 和平台的开发，满足了人们的购物需求。像微信、支付宝等支付方式的出现，使得人们出行更加便捷，同时，无纸币化的支付方式，也使人们的货币安全得到了更好的保障，人们出行也用担心没有带够钱，切切实实地使得人们生活的方式发生了翻天覆地的变化。

（3）VR 技术，也能够给人们在购物、娱乐和游戏上提供全新的体验。VR 创建的虚拟环境，能够使人们"加入"到这个世界，体验感更加强烈和真实。

三、电子信息和计算机技术发展新方向

人工智能是当前电子信息和计算机技术发展的新方向。人工智能（学科）是计算机科学中设计研究、设计和应用智能机器的一个分支。主要用机器来模拟和执行与人类智力相关的劳动，比如，最近击败各大围棋高手的 AlphaGo。其他，不如像机器人管家、外科机器人医生、外太空探险等，会随着技术的不断进步而逐一实现。

电子信息和计算机技术渗透到人类社会的方方面面，占着不可替代的地位，而我国在这方面的技术还不够成熟或者先进。但是，随着我国经济水平的不断提高，对电子信息和计算机技术的投入也会越来越大。不论在国防军事还是人们的生产生活中，对其需求也越来越高，我们应当将其作为增加我国综合国力和竞争实力的发展方面，也是满足人类社会进步的需要。

第七节　通信中计算机技术的应用

在通信行业中应用计算机网络技术，可以有效的整合网络资源，较之传统通信技术而言，可以有效提升通信质量和安全，实现大范围的信息传播和共享，带给人们信息传递更大的便利和支持，推动社会进步和发展。本节对通信中计算机技术的应用进行了探讨。

随着计算机技术在社会上的应用越来越广泛，人们在社会生活中使用计算机通信技术，提高了人们的生活质量和生活水平。因此，我们应当不断完善与创新计算机通信技术，提高计算机技术与通信技术的融合度。计算机技术和通信技术融合是社会发展的要求，有利于这两种技术的可持续发展。因此，我们应当在社会上加大宣传计算机通信技术的力度并不断完善和创新该技术，使得计算机通信技术更好地服务于人类。

一、计算机通信技术的主要特点

（一）数据传输效率较为优秀

通过与原始的通讯数据相比可知，在通讯当中应用计算机技术，在一定程度上可以将数据传输的效率进行持续优化，并且数据的互动与传输这速度也有着较为明显的提升。在普通的情况之下，64kb/s 是一个数字信息正常的传输速率，而应用计算机技术之后，传输速率最高可以达到 48 万字符每分钟。通过对这一数据进行分析可知，在信息传输速率方面来看，数字信息传输要优于模拟信息传输。简而言之，计算机技术的广泛应用，简便了世界各国人民的彼此交流，同时也积极地促进了社会的良好发展。

（二）抗干扰能力特别强

计算机技术应用的范围越来越广泛，而一些与之相关的商业活动数量也在持续的增长。在此过程当中，如果不能切实地保障通信功能，也就无法保证计算机通信安全和高效。因此，信息通讯自身的抗干扰能力可以通过计算机技术的应用来进行增强，这是原始通信技术当中还无法及时解决的问题，在对数据进行转换和处理的过程当中，计算机通信采用的方式为二进制。与此同时，还消除了数据传输过程当中出现的噪音。

（三）对传统通信内容进行丰富

社会在持续的进步，也就通过现代计算机通信技术丰富了传统的通信方式和内容，传统通信方式在发送信号和数据的过程当中，通常采用二值通信来传输图像和声音。而在多媒体通讯当中运用计算机技术，就可以更加快捷且清晰了传输图像和声音，社会大众也就更加肯定这种多媒体通信方式。

二、通信中计算机技术的应用

（一）通信管理系统中对计算机技术的应用

计算机技术应用于通信管理系统中，使得通信信息的管理质量和管理效率都有所提高，可以最大限度满足通信行业的经济利益需求。目前，通信行业对计算机技术的认识已不再局限于计算机技术自身的应用价值，而是会发挥计算机技术对于通信行业的实际应用价值，因此，基于通信行业的需要对计算机技术进行深入研究，实现了计算机技术与通信技术的有效融合，计算机技术具有很高的工作效率，使得通信行业的运行质量得以提升，使得行业经济效益明显增加，通信行业的竞争力也得以增强。通信管理系统的运行，对整个通信行业都发挥着技术指导作用，应用计算机技术可以使得通信行业的各项工作自动化运行、智能化展开，使得通信设备终端发挥更高的使用价值。通信行业的信息管理系统有效应用计算机技术，使得工作量大大降低，工作效率有所提高，通信行业的各项工作得以高效完成。

（二）计费系统中对计算机技术的应用

计算机技术在应用领域中普及，使得计算机技术不断完善，在通信行业中应用，提高了通信行业各个运行系统的运行效率。通信行业中的计费系统负责对各种涉及费用的信息进行采集、分类整理、分析等，相关的信息资料都存储在计费系统中。随着行业市场环境的不断变化，用户的需求也不断变化，对计费系统就会有不同的计费要求。这就需要计费系统具有自我调整和技术更新的功能，使得系统结构不断完善，各项计费工作得以优化。计费系统运行中应用计算机技术，使得通信系统的运行效率有所提高，而且能够从用户的角度出发及时更新系统。目前的三大通信运营商包括联通运营商、移动运营商和电信运营商。这些运营商的计费系统都是在计算机技术控制下运行的，可以确保通信费用计算准确、计费信息及时传递。不仅如此，计费系统还会从社会经济环境的角度出发根据行业发展需要调整通信计费方式，以推进通信费用的合理化。计费系统应用计算机技术之后，系统的兼容性就会有所提高，使得通信计费方式更为灵活多样。

（三）在自动查号和数据管理中的应用

计算机通信技术具备多样性、全方位的特点，在日常生活中比较常见的就是自动查号与数据管理。人们生活中会经常运用公用网拨打长途电话或者短途电话，这都得益于计算机通信技术。这种自动查号的方式，彻底颠覆了传统手工记号的方式，为人们的操作提供了巨大便利，使信息保存更加安全、稳定，同时，也节约了查找时间、提高了工作效率，更加符合当代社会发展需求。另外，除了自动查号功能之外，在数据管理中计算机通信技术也发挥着不可忽视的作用，利用计算机通信技术实现了数据管理的统计功能，能够满足不同工作的需求，随时进行数据的更新与用户号码修改，进一步实现了信息系统的完整性与全面性。

（四）在计算机无线传感网络中的应用

无线传感是现阶段一种全新的信息获取网络，是无线通信手机、分部信息处理技术等多种技术的集成，这种技术可以利用大量资源有限传感节点进行协作，实现对信息的感知、采集以及发布，最终完成特定任务。由于节点自身的资源是有限制的，所以，WSNs 在传递信息过程当中就需要节约资源，并利用这种方法来延长自身的生命周期。现如今，在传统的数据中心当中，一般采用的属性分层结构已难以满足全新的网络服务需求，这种结构需要在顶层使用特殊的交换机。这就使得其造价十分昂贵，并且无法提供灵活的容错性能，特别是在处理流数据过程当中更是如此。当前，信息大量生产，数据每天正以百万级的速度飞快生长，这也产生了数据流。一个数据中心的架构对于系统的性能有着十分重要的作用，而数据中心的传统网络架构已无法适应流数据。

（五）通信网络运行中计算机技术的应用

通信网络运行中应用计算机技术可以起到一定的防护作用，确保网络运行安全。网络的开放性和信息共享性，决定了网络空间必然会存在诸多的不安全性，通常会表现为病毒传播、黑客攻击以及漏洞的产生等。要确保通信网络的安全运行，就要合理应用计算机技术，要综合考虑多方面的影响因素。从计算机技术的角度而言，要采取必要的跟踪防护技术、安全检测技术以及防伪监测技术。进入到网络的用户都要使用密码登录，口令准确之后才可以顺利进入到网络平台中，也可以使用指纹作为访问权限，做好通信网络的管理工作。所有的通信信息都要进行加密处理，通常使用的是用户数据包协议或者传输控制协议等，可以保证数据信息不会遭到破坏，确保通信信息完整。目前的通信网络防护技术有很多，诸如，防火墙、身份鉴别、访问控制等都可以用于维护通信网络，以保证各项信息不会被篡改或者丢失。

总的来说，计算技术在社会发展中的积极作用愈加明显。计算机技术在现代通信行业中的应用无疑大大推动了通信技术是发展。计算机技术在现代通信中可以实现计费系统、数据管理系统以及信息管理系统。满足不同行业、不同用户的到来便捷、高效、准确的通信需求。相信在互联网技术、计算机技术持续发展的时代，计算机通信技术将会为用户带来更加高效的通信技术，为我国通信技术的进步做出贡献。

第八节　办公自动化中的计算机技术应用

随着近年来计算机技术的飞速发展，它为社会各个领域的进步提供了强有力的推动力。办公自动化作为应用最为普遍的一项企业办公方式，为企业实现现代化的管理模式奠定了基础，并在一定程度上提高了企业的经济效益；增强了企业的市场竞争力。本节将从计算机技术在办公自动化领域应用的三个方向讨论，并做具体分析。计算机技术进入21世纪以来，发展飞快，从以往简单的系统应用、数据处理，逐渐延伸到了更广泛的领域，其中，计算机硬件以及软件方面都有长足的进步。硬件更加的轻薄化、便捷化、时尚化，软件的种类增多、运行速度加快、功能更加的齐全，因此，在近几年来，计算机技术已经成为社会生产力发展不可或缺一部分。办公自动化的发展方向更加的宽泛，涵盖的内容更加丰富，如今，已经是现代企业中处理日常事务、发展相关业务的必要方式，其不仅体现在平常简单的信息收发上，更重要的是将企业与员工的联系进一步地加深，真正实现了自动化办公。

一、办公自动化简述

（一）办公自动化的定义

经济市场的高速进步下，对办公效率的追求越加明显，办公的自动化，是必然的趋势。通过计算机硬件设施与软件技术的配备，使得企业内部能够形成一个能够满足整个企业之间的办公需求的、高效运行的处理系统，从而让企业内部员工能够依靠系统达成办公的一体化和自动化，处理好办公过程中产生的各种有关问题，提高工作效率和效能。实现办公自动化，简单来说就是依靠科技的帮助，将整个企业各个部门之间进行"联网"将日常工作中的数据进行收集存储分析和处理的，从而达到两者结合，使得人力和企业资源得到最大化的应用。

（二）办公自动化的特点

要实现办公自动化，首先要考虑的就是计算机技术的高效应用。其特点就是高效互联，用科技手段实现企业内部队高效联结的智能办公模式，从而达成办公自动化。因应企业办公的需求，通过配置先进的设备，安装相关的系统软件（信息系统、储存系统、资源共享系统等相关的办公系统及工作软件）。办公自动化是通过计算机技术、网络通信技术的相互配合和应用，形成企业内由点到面的办公系统智能及自动化。办公自动化的最大优势，是人机结合。通过技术将企业内部的信息资源得到安全而可靠的共享和利用，大大地增加了共享资源的涵括面，有效地提高了工作效能。

二、计算机技术在办公自动化中的应用价值

（一）扩大办公区域范围，改善办公环境

与传统的企业办公室相比，引入计算机技术进行办公可以使企业发生很大的变化。办公室工作人员可以使用计算机网络彼此进行通信和协作，并形成人机信息系统，实现企业内部办公环境的全面改善。此外，计算机技术应用并不单纯局限于企业内部，由于工作的需求，已经从内部延伸到企业与企业之间、合作伙伴间、行业与行业之间。随着社会的进步和信息技术的发展，越来越多的企业将不可避免地参与计算机技术的应用，通过网络通信系统的应用，为企业的生存和发展带来更多的可能，亦能够更好地让企业向高效的办公自动化管理方向去。可以说，办公自动化的应用亦具备带动性，能使行业在良性环境中形成相互竞争共同发展的局面。

（二）降低管理成本

引进先进的计算机技术，实现自动化办公，一方面可以有效减少业务所需的材料，一方面可以节省办公活动烦琐的流程步骤，另一方面，它还可以降低企业管理成本。在应用计算机技术进行办公自动化管理的过程中，还可以降低办公成本，提高办公效率。例如，惠普（中国），使用计算机技术进行办公自动化管理，与过去的办公费用相比，足足减少了三分之一。可见，通过办公自动化能实现人力及企业办公资源的更优化利用，技术的提升能够使得企业内员工的办事效率提高，人员之间通过技术的应用减少不必要的环节。从而实现相同时间内得到更大的产能效益，通过办公自动化有效地实现降低企业管理成本、办公成本的目的。

（三）调动企业个体创造力，促进企业发展

将计算机技术引入办公自动化管理，是实现自身管理规范的标准化，灵活自由化办公协调和流程的交流，进一步将办公人员从枯燥的办公环境和复杂的办公事务中解放出来，动员起来，从而提高企业员工的创造力。引入计算机技术进行办公自动化管理，对办公人员的专业素质提出了严格要求。每个员工都应该贡献自己的创造力来进行自动化管理。否则，只会导致公司陷入市场竞争不利的状态。总的来说，在应用计算机技术实现企业办公自动化管理的过程中，不仅要求办公人员的创造力，还要求普通员工的创造力，促进企业的有序健康发展。

三、办公自动化中的计算机技术应用

（一）为办公自动化提供来自软硬件的全面支持

在企业的综合工作流程中，办公自动化涉及的业务主要与信息有关。此部分工作均要对计算机展开应用，不管是计算机硬件方面的设备，还是计算机软件方面的资源，它是办公自动化不可或缺的一部分。与纸质办公的方式对比，通过计算机设备的配置，处理文本的办公软件或者信息系统的使用，为企业的文件管理带来了质的飞跃。与纸质办公对比，不但时效得到明显的提高，文本的使用和整理保存等都更为便捷清晰，使得企业实现自动化的办公文件管理。办公人员可根据办公室的实际情况调整办公室步骤，并修改文件，可以保留操作时间和历史痕迹。办公室工作人员收到官方文件后，第一步是进入文件管理系统，然后，将文件转移到办公室、保存文件。归档完成后，可以通过文档的不同级别进行查询，文档管理系统的相关管理人员可以设置不同用户的查询权限。在此期间，计算机技术的引入可以实现发送和接收文件的自动化，并根据不同的级别和权限共享一系列信息和文件的使用及保存。

（二）引入计算机技术创建信息平台

二十一世纪信息时代，企业加大自身信息宣传、沟通非常必要。在此基础上，许多公司引入先进技术来创建自己独特的信息平台，在平台上随时发布企业方面的各种通知公告和对外信息，如电子公告、电子论坛发帖和电子杂志等，均可大大加强信息的时效性。

（三）引入计算机技术以促进办公流程的自动化

企业当中，无论任何部门，都有其部门工作所特定的办公流程。根据每个部门的不同需求，引入相关的计算机技术，为部门工作提供软件技术的支持，通过办公自动化的实现，让各部门各个人员岗位的工作内容有更加系统的体现，用更多的自动化办公程序代替人工操作，能够使工作时效得到提升，使企业的资源利用率提高，从而提高工作的整体效能。

时至今日，中国企业的办公自动化已经初具规模，但在现今阶段，通过自动化的办公程序代替人工操作，是企业追求产能利益最大化的重要手段，计算机技术的应用为实现办公自动化确实功不可没。而不久的将来，要实现更加智能覆盖面更广的办公自动化，可能不仅局限于依靠计算机技术的应用。

第四章　计算机网络安全的理论研究

第一节　计算机网络安全存在的问题

计算机网络安全问题一直伴随着计算机网络的发展，而且逐渐变得复杂、强大、难以解决。当前计算机网络安全除了要应对病毒入侵、黑客攻击等问题之外，还有很多新问题需要面对。文节着重分析了当前计算机网络安全存在的问题，并分析了引起这些问题的关键因素，针对问题提出了相应的解决策略，以促进计算机网络应用的安全性、可靠性，推动计算机网络的健康发展。

计算机网络安全问题一直是备受关注的话题，病毒、黑客等，都是我们比较熟悉的计算机网络安全"热词"，计算机一旦被病毒侵入或黑客攻击成功，就可能出现资料丢失、数据泄密、计算机系统瘫痪等一系列问题。因此，解决好计算机网络安全问题是确保计算机网络应用安全性、可靠性的关键。

一、计算机网络的发展与安全

计算机网络的发展使信息化、智能化办公成为现实，人们的生活、学习、工作早已离不开计算机网络。随着电子科技的进步，计算机网络正在向"三网一体"的方向发展，到时计算机网络、移动网络、电视网络将合为一体，计算机网络的用途将更为广泛。自计算机网络诞生以来，计算机网络安全问题就伴随着计算机网络的发展。起初，计算机网络系统本身存在一些漏洞，系统网络安全问题也没能得到充分的重视，这一阶段的计算机网络安全问题主要集中在操作者的不正确操作和计算机病毒方面。随着计算机网络的发展，其应用日益广泛，软硬设施也得到了快速的发展，计算机网络问题除了原有的安全问题，黑客入侵、非法窃取网络信息、垃圾邮件等问题也逐渐突出，这些问题严重影响了计算机网络的持续、快速发展。例如，网络交易安全，若他被人用身份伪装窃取相关信息，就可能造成交易失败、电子银行失窃等后果，使用户承担比较严重的信息损失、经济损失等。因此，研究计算机网络安全问题，要从计算机本身的特点、人的使用和安全问题的发展几个方面入手，才能有效地预防和克制计算机网络使用中的一些不安全因素，使计算机网络的使用更安全、更可靠。

二、计算机网络安全问题分析

常见的计算机网络安全问题。计算机网络安全可分为实体安全、运行环境安全和信息安全，当前比较突出的问题集中在信息安全方面。首先，计算机网络虽然发展迅速，但其操作系统或多或少还存在一些漏洞。这些漏洞很容易成为黑客的攻击目标，一旦黑客攻击成功，就会入侵正常的、合法的用户的电脑，造成用户资料丢失、资料损坏等一系列的问题。其次，网络病毒问题。计算机网络使用过程中，杀毒软件在更新、在升级，病毒类型也在不断地变化、强大，在当前的计算机网络使用中，一般的杀毒软件并不能有效地阻止病毒的入侵。再次，计算机局域网的访问控制管理也存在问题。一方面，使用者对计算机网络的访问控制管理太松懈，致使计算机网络安全风险增加。例如，一机两用、一机多用，这种现象的存在使用户密码、用户资料、数据库信息等很容易泄露。另一方面，使用者对计算机网络的访问控制不科学、不合理。例如，权限设置混乱，若出了问题很难排查，计算机网络的使用呈现出人人都在用、人人都能管的情况，出了问题谁也不愿担责任。此外，还有钓鱼网站问题、信息库安全问题等。总之，当前计算机网络的安全问题呈现出多元化、多样性，彻底解决有很大难度。

计算机网络安全问题产生的原因分析。计算机网络安全问题产生的原因可以从三个方面分析：第一，计算机网络自身的因素。例如，计算机网络操作软件的漏洞问题，计算机网络发展过程中安全技术滞后问题等，都是计算机网络安全问题产生的因素。第二，计算机网络使用者的因素。使用者的网络安全意识不强，在无意或无知的情况下泄露账号、密码等，致使计算机网络的应用面临很大的安全风险。又如，计算机网络的使用者对于密码设置不够重视，系统一般不设置密码，一些敏感的文件传输过程中也不加密，这样就容易造成数据信息的泄露，致使计算机使用过程中出现网络安全问题。再如，计算机网络的使用者保密意识不强，随意地将自己的个人信息（例如，生日、特殊纪念日等）泄露出去，被一些别有用心的人轻易获得，并加以利用。这些人用户的密码就很容易被破，造成用户计算机网络应用的风险和损失。第三，计算机网络运行的环境安全因素。一方面，计算机网络的运行要进行风险分析、数据备份等，才能降低安全问题的出现几率。另一方面，社会诚信的缺失也是造成计算机安全问题的一大因素。因此，完善和改善计算机网络运行的环境可以有效降低计算机网络安全风险。

三、计算机网络安全问题解决策略

防毒杀毒技术的科学应用。防毒杀毒的基本手段就是应用杀毒软件和防火墙，例如，360 安全卫士、电脑管家、金山毒霸等软件都能有效地防止计算机网络病毒的入侵，对已入侵的病毒进行清理。可是当前的网络病毒也在不断地发展，例如，蠕虫病毒、木马病毒等。一般的杀毒软件和防火墙并不能有效的阻止不断变化的病毒，这就需要计算机网络使用者对杀毒软件进行升级和维护，以确保其有效地阻止、查杀病毒。首先，计算机网络使用者应经常查看电脑日志，对计算机潜在的安全风险进行分析，并定期、不定期地对计算机进行病毒查杀，以有效阻止病毒的入侵。其次，规范优盘、硬盘的使用，避免因其使用造成的病毒传播风险。再次，不要随意打开不熟悉的网站，例如，钓鱼网站，利用一些用户可能感兴趣的信息引诱用户打开或下载其软件，还可能在浏览网页的时候自动下载其他软件，这些软件中可能携带着病毒，其操作都有潜在的安全风险。此外，不随意浏览陌生网站也是预防计算机病毒的一种手段。

防黑客技术的应用。黑客入侵计算机的目的复杂，有的是为了盗取、破坏文件资料、窃取数据；有的是为了监控、操作电脑；有的纯粹是为了好玩。但不论哪种目的，对计算机网络造成的安全隐患是不容忽视的。第一，黑客入侵的常见手段就是利用病毒侵入、攻击计算机，防护的手段自然是安装杀毒软件，并有效地进行病毒查杀，详细策略可参考上文。第二，重视系统、文件的保密工作，对计算机进行加密，对传输的敏感文件进行加密，这样可有效地阻止黑客的攻击。第三，学会分辨和判断垃圾邮件，不轻信邮件、短信息等形式传播的内容。对于各类信息要认真辨识，不轻易透露个人信息，避免黑客利用这些信息对计算机进行攻击。

提高个人计算机网络安全意识。不管是病毒引起计算机安全风险还是黑客攻击造成的计算机安全问题，归根结底都需要人提高自身的计算机安全意识，才能有效地规避计算机安全风险。例如，密码的设置，很多人嫌麻烦，不设密码、或密码设置得很随意，这就容易让"有心之人"有机可乘。因此，密码的设置不要设成单一的数字密码，最好数字和字母相结合；密码的设置不要为了便于记忆设成统一密码，要分别对待，而且要在一定时间内做必要的修改，以确保密码的有效性、可靠性；密码的设置不以生日、电话号码等数字为基础，自己的个人信息要严格保密，这样能有效地提高计算机网络的安全性、可靠性。又如，设置较为复杂的网络连接密码，以提高局域网的网络安全性，减小计算机网络安全风险。再如，专机专用，减少或避免一机两用、一机多用的计算机办公形式。规范计算机的使用方法，合理设置计算机使用权限，增加计算机网络安全宣传，使个人能够有效地保护自己的账户、密码等，以提高计算机网络应用安全。总之，提高大众的计算机网络安全意识，才能更有效地利用计算机网络安全技术预防和解决计算机网络安全问题。

计算机网络安全问题不仅影响了计算机网络的发展，还严重影响到用户的使用效率，影响到用户使用网络的安全性、可靠性。当前，针对计算机网络安全问题，不论是从技术方面还是网络使用环境方面，我们都进行了深入的研究，除了本节提到的网络安全问题解决方案外，还有法律、法规等约束互联网的使用，以法律为"保护伞"降低计算机网络安全风险。但计算机网络发展、应用的形式在不断变化，计算机网络安全的一些潜在问题也逐渐显露出来，例如，计算机软件开发中的不良竞争，为了争抢用户而造成了计算机网络应用风险增加，这些也是我们需要考虑的计算机网络安全问题。因此，对于计算机网络安全存在的问题，我们要以动态的研究方式去分析、去解决，这样才能保障计算机网络安全、可靠地发展和应用。

第二节 黑客及计算机网络安全研究

随着信息技术与网络的发展，计算机在给人们的生活和工作带来便利的同时，也面临着严峻的安全问题，其中黑客和计算机网络安全问题一直受到人们的关注。本节首先介绍了黑客以及黑客技术的相关含义与发展历程，其次对黑客和计算机网络安全之间的关系进行了分析，最后针对如何提高计算机网络安全性提出了几点建议。

目前，网络安全已成为影响国家安全和社会稳定的重要因素。黑客是计算机发展的重要衍生物，在全球范围内分布广泛。名为 Hacker 的人群，热衷于研究和撰写程序，具备追根究底、穷究问题的特点。其中还有一部分被称为"Cracker"的黑客，这类人群为牟取利益，不惜入侵他人电脑，给人们带来巨大经济和精神损失。随着在线网络交易、电商以及网络游戏的发展，网络安全与普通大众的关系也日益密切，因此，黑客与网络安全问题逐渐受到人们的注意。

一、黑客简介

黑客的由来。黑客最早源自英文 Hacker，指的是那些发现、研究计算机网络漏洞的人。随着计算机网络的发展，黑客们对计算机的兴趣逐渐增加，其不断地研究计算机结构和网络防御知识，力求找到计算机网络中存在的缺陷，并且不断挑战、破译难度系数较高的网络系统，然后，向需要的人提出解决和修补漏洞的方法。然而，当今的黑客早已改变了初衷，丧失了职业道德，为了眼前利益，利用不正当手段破坏网络安全，甚至从事违法犯罪行为，这种变质的黑客被人们称为"骇客"。

国内黑客发展历史。我国黑客历史大概分为三个阶段，即懵懂时期、质变时期和发展时期。

懵懂时期。该时期是指我国互联网刚刚起步阶段，时间大约在 20 世纪 90 年代，一些热爱探索的中国青年受国外黑客技术影响，走上了研究网络安全漏洞的道路。在这个时期，中国黑客们之所以选择这条道路，大多是受个人的兴趣爱好以及强烈的求知欲和好奇心驱使。此时的黑客在研究网络安全问题时，没有掺杂任何利益偏向，这使得中国网络安全技术飞速发展。此时的中国人不断跟随世界发展的脚步，通过互联网看到了更加广阔的世界。所以，懵懂时期的中国黑客精神与国外是一脉相承的。

质变时期。中美黑客大战标志着中国黑客历史进入质变时期。这个阶段，黑客们互相攻击他国网站，保护自国网站不受伤害。黑客宣扬的文化及其信奉的自由、分享、免费精神吸引着许许多多的人投身到这个行列中，这导致各种黑客组织如雨后春笋般涌出，一发不可收拾。该时期中国黑客逐渐开始创业，提供相关网络安全服务与安全产品。在该过程中，中国互联网格局开始发生变化，漏洞贩卖、恶意软件等问题日益频繁，一些新兴黑客群体没有坚守黑客底线，开始出现以营利为目的的攻击行为，黑色产业在这个时候正式拉开帷幕。

发展时期。随着网络安全问题日益严重，人们逐渐意识到网络安全的重要性，市场开始变得更加成熟，一些有抱负的安全工程师开始采取应对措施，为我国网络安全技术发展做出了许多不可磨灭的贡献。此时，黑色产业仍在继续，但仍有许多默默无闻的人坚守黑客精神，为保护网络安全尽着自己的一分力量。

二、黑客技术及其发展

黑客技术内涵。简单来说，黑客技术是发现系统和网络缺陷与漏洞，并针对这些问题实施攻击的技术。黑客技术具有极大的破坏力，同时对于提升网络安全也有许多可取之处。

黑客技术是客观存在的，具有防护和攻击的双面性，与国家的国防科学技术类似，黑客技术不断的推动计算机网络的发展，使程序员们不断完善自己的程序。对黑客技术的认知，要像对待核武器一样，不能因为它具有较强破坏力就全面否定它。黑客技术如同科学家发明创造，需要经历漫长的时间，通过反复测试、分析代码以及编写程序等一系列工作。

黑客技术的发展。早期黑客技术还不完善，多数黑客是以攻击系统软件为目标。此外，该时期的网络技术同样不成熟，攻击系统软件就能直接获得 root 权限，此方法简捷有效，而且这种攻击方法带来的危害也是巨大的。随着网络技术的发展，防火墙技术能够防止外来用户非法进入内部网络，安全加密技术能够隐藏本机信息内容，这两项技术在很大程度上保护了直接暴露在互联网上的系统。

三、黑客与计算机网络安全

黑客攻击与安全防御，二者看上去是矛盾关系，但却为从事计算机网络安全保护的工作人员提供了一些研究方向。别有用心的黑客通过寻找系统的漏洞达到入侵系统的目的，而网络保护人员就必须找到系统所有弱点进行完善。黑客的存在使得计算机网络安全维护更加困难，但更加严谨。

为防止黑客行为，计算机网络安全保护人员采取了许多措施，如屏蔽可疑 IP 地址、过滤信息包、修改系统协议以及使用加密机制传输数据等。总的来说，主要有以下几方面：使用复杂密码、提高警觉、定期更新补丁、安装信任来源的软件、不在公用环境下载文件、系统检测和病毒扫描以及注意路由器与公用网络安全性。

黑客寻找计算机安全漏洞进行攻击，程序员同样可以通过分析黑客行为来完善计算机安全系统，双方以网络安全为桥梁进行博弈。在这个过程中，网络安全技术不断更新进步，计算机网络系统也更加完善。

随着网络技术快速发展，网络安全维护显得越来越重要。防御技术在不断完善的同时，攻击技术也在不断提升。从某种方面来说，黑客与网络安全是同时产生的，这注定二者必将有着密切的联系，为计算机行业的发展提供重要的推动力量。

第三节 网络型病毒与计算机网络安全

本节以此话题展开研究和讨论，其目的是在分析网络型病毒的基础上，提出现代计算机网络安全所面临的一些问题，并且提出相宜的解决措施，以有效应对网络病毒对计算机网络所造成的安全威胁。

随着现代科技日新月异的发展，信息化模式开启了一个全新的时代，人们对于计算机网络的依附越来越深，计算机网络技术逐渐深入到每个人的生活中，成为人类生活生产中必不可少的组成元素，极大地推动了社会的发展。计算机网络技术服务于人类的同时也存在着一些问题需要改进，其中就涵盖网络型病毒对计算机网络安全的侵害和影响，因此，如何做好计算机网络安全防御工作就成为当代人需要思考的重点话题。

一、网络型病毒的特质

人为因素隐患。网络型病毒的出现有着特定的原因，人为因素占据着一定的比例，网络技术的操作程序是通过计算机相关技术人员对于程序代码编制所实现的，但是在这项技术流程在投入使用过程中，要经由网络的传输过程，在宿主计算机内部工作程序中的上传文件、删除、恢复等的操作行为，可以威胁到计算机杀毒软件的安全性，从而极大地提升了计算机网络的使用风险，制约了计算机有效运行的发展状态。随着计算机技术的广泛普及，在人为编写计算机程序的时候由于防范能力不足，因此，造成了多种网络型病毒的侵害，网络性病毒的感染力、破坏力也在逐渐增强，这样的状况严重制约了计算机网络安全工作的顺利进程。

病毒作用机理隐患。网络型病毒的作用机理分为两种类型，即蠕虫病毒和木马病毒两种。蠕虫病毒借助于网络这个环境进行大面积的病毒繁殖，结果摧毁了计算机网络系统结构，造成了极大的网络污染，是计算机网络安全运行程序中的一种潜在危险。木马病毒是迥异于蠕虫病毒的一种病毒类型，木马病毒不会主动侵袭和污染网络环境，而是在网络用户下载文件的过程中乘机潜入进入计算机系统内部，之后对于计算机内的指定文件进行上传，抑或是通过控制宿主计算机的方式使计算机系统坍塌和崩溃，对计算机网络安全造成了极大的威胁。

二、影响计算机网络安全的要素

从互联网安全形势的发展状况，以及迄今为止计算机网络安全事件的频发现状可以知道，影响计算机网络安全的要素是必然存在的，计算机网络安全要素可以分为以下几个方面：

互联网的开放性。互联网的开放性体现在人们访问互联网的时候要通过 TCP/IP 协议进行约定，该协议对于拥有互联网的网民进行全面开放，因此在用户使用互联网的过程中可以引发黑客利用协议的漏洞所产生的攻击行为，从某种程度上讲互联网这种开放性特征，为计算机用户在使用计算机的过程中造成了一系列困扰，制约了计算机网络的有效发展。

用户的不良使用习惯。随着信息化网络技术的普及，计算机不断进入人们的视野，使用计算机的用户越来越多，有些用户为了避免对话框弹出的频繁影响正常使用效果，降低了防火墙的设置等级，这种设置为用户带来了使用风险。与此同时，在杀毒软件提示更新病毒库的情况下，由于不能及时下载并更新，使病毒入侵计算机，计算机病毒的防御能力开始降低，尤其体现在蠕虫病毒突发的情况下，计算机就会感染蠕虫病毒，出现系统坍塌的状况，影响计算机的使用效率。

三、计算机网络安全实施措施

随着计算机使用范围的扩大，计算机网络安全问题一直是困扰人们的难题，为了保护网络数据，避免计算机的网络病毒进行感染，需要采取切实可行的措施。

改变使用计算机网络的习惯。如上所述，因为人为因素可以导致计算机网络系统被病毒侵害，因此，在网络用户使用计算的时候，应该严格遵循计算机网络规则，养成良好的使用习惯：

（1）对于计算机操作过程中的漏洞要定期检查并且及时修复，避免木马的入侵导致计算机系统内部被破坏。

（2）在计算机运行系统中安装的杀毒软件，要对杀毒软件的病毒库进行经常性的更新。

（3）由于网络型病毒具有极强的破坏力，计算机如果不慎感染网络型病毒，就会面临内部信息库和数据库丢失的危险，为了避免这种状况的发生，在使用计算机的时候，应该养成随时随地备份数据的良好习惯。

（4）在下载文件和对移动存储设备进行拷贝文件的时候，应引入杀毒软件对文件进行全方位的查杀，之后再进行后续的操作过程。

合理设置防火墙安全等级。防火墙是计算机网络防御系统的第一步，因此对于防火墙的设置非常重要。通常情况下若网络安全环境处于最佳状态，对于计算机防火墙的等级可以设置为中级。如果具有安全风险的访问请求出现的时候，防火墙会及时发出提醒任务，用户可以根据提醒任务确定是否让其进行访问。在网络环境恶劣的状态下，可以提升防火墙的设置等级，避免来自于感染型病毒的入侵。

安装网络数据流量侦听软件。计算机在感染网络型病毒的时候，网络型病毒为了获取计算机中的相关数据和信息，该病毒就会通过后台向特定网络地址发送计算机中的数据和信息，从而使计算机网络数据流量不断增加。为了杜绝这种情况的发生，保护计算机使用安全性能，可以通过安装网络数据流量侦听软件的方法，对于网络数据流量动态及时监控，在流量出现异常的时候，后台运行程序状态下的文件夹被读取和分析，如果可以确定这一运行程序属于网络病毒程序启动，应该立即终止程序进程，彻底清理病毒文件，并且利用杀毒软件将病毒数据信息上传到网络数据库。

综上所述，随着网络信息技术的大力普及，计算机网络技术在推动人类文明发生的时候，也给人们的生活带来了很大的风险。因此，应该从网络型病毒的特点及作用机理进行讨论，并且在此基础上采取适宜的技术和方法对网络型病毒进行预防，提升计算机的网络安全程度。在日常生活中使用网络计算机的时候，一定要采取科学有效的方法，养成良好的应用习惯，掌握计算机网络防御病毒的相关知识，才可以有效降低网络型病毒概率的发生。

第四节　计算机网络安全与发展

计算机是现代人生活不可缺少的一部分，随社会的发展，互联网发展越来越迅速，计算机互联网技术在方便人们生活的同时，也带来了安全隐患，当前各种计算机病毒，黑客网络攻击，用户隐私信息泄露等安全问题造成了许多有价值的信息流失，不管是对于网络运营商来说，还是对于广大用户来说，都是巨大的损失。提高计算机互联网运用水平，是本课题关注的重点，本节主要在研究计算机网络安全技术的状况，根据在计算机网络过程中出现的一系列问题进行研究，提供关于网络安全方面相应的指导。

信息化的到来，让互联网的发展十分的迅猛，在网络上，很多企业进行查阅，将计算机的信息进行采集和查阅，个人也可以通过计算机进行信息的阅览，计算机成为我们生活中非常重要的一部分，利用计算机可以扩大通信范围，将资源进行优化。互联网的存在具有开放性的特征，当在使用计算机网络的时候，很多网络信息泄露、网络数据被盗，计算机安全问题成为我们非常需要重视的问题，本节主要从网络安全的方面的发展进行研究，通过研究加强计算机网络安全技术的应用。

一、安全技术的应用

将防火墙进行设置。防火墙是一种保证计算机安全的新技术，主要是在于计算机网络之间形成一种互联网通讯监督，网络防火墙是一道很好的屏障，可以防止不信任的网络侵入，将网络安全隐患降低。将一些不稳定因素或者病毒的侵害进行设置，当这些侵害出现时，防火墙就会及时地进行排查，屏蔽黑客和病毒的侵害。此外，在使用防火墙技术进行访问的时候，需要将互联网的内部结构进行正确的连接，将互联网的数据进行存档，减少信息安全泄露的问题。防火墙是的主要目的是为了保护我们目前使用的网络安全，这样可以使本身使用的网络与外界的网络有一个隔膜，让外界的网络无法入侵。也就是说用户在进行互联网传输的过程中，需要进行数据传输，防火墙可以通过程序进行设定，这种设定帮助网络监控好数据，在检查的过程中，避免互联网安全隐患的发生。数据破坏的时候，网络防火墙会进行阻拦，保证用户的信息安全。

网络加密技术。网络数据加密其实是对用户网络的保护，主要是利用加密的钥匙等对互联网信息和传输的数据进行保护，对于加密钥匙需要双方共同具有的网络钥匙，数据进行传输和接收都需要这样的钥匙进行处理，才可以保证数据的安全。在这个过程中，加密钥匙可以将数据信息进行隐藏，也可以进行其他的设置，其主要的目的就是为了保障数据的安全性。加密钥匙的安全功能成为互联网安全非常重要的一部分，在进行操作过程中需要提高互联网网络技术安全隐患意识，防止互联网数据被盗。

外部系统进行检测。在计算机网络系统的使用过程中，外部的系统经常会通过各种方式进行导入，当外部的系统进入内部使用的网络中时，对内部网络安全造成很大的隐患，这就需要对网络进行很好的检测，通过检测进行监控，检测的同时对计算机进行实时监控，将实现自动化的管理方式，将网络中传输的信息进行监控，如果发现不明确网络信息可以及时进行网络监控限制，将自动信息进行排查，进一步实施监控措施，将具有安全隐患的信号隔离，及时发出报警提示。在计算机网络安全防范的工作中，经常会遇到一些具有安全隐患因素的漏洞检测，如果计算机遇到了这样的问题，需要通过外来检测系统采取相应的措施发出警示，确保安全性。

二、网络技术安全存在隐患

网民缺乏安全知识保护。现在大多数的网民对计算机安全隐患缺乏必要的知识，这样让很多的不法分子有了可乘之机。随着社交平台越来越发达，很多人喜欢浏览社交网络平台的网页，在浏览的过程中，社交平台会通过隐藏页的方式弹出一些对话框，让很多网民进行注册信息观看，在观看之后，一些潜藏的病毒将侵入网民的档案，造成档案信息泄露，这些安全问题其实可以通过用户的安全意识进行防范，但是，由于使用者的安全意识比较差造成了这样问题的发生。这种问题不仅仅发生在网民身上，很多网络管理人员对网络上的安全隐患并不能做到及时的排查，在使用的时候也是毫无防备的被病毒或者黑客侵害。网络安全对于网络管理人员的要求需要更高，他们通过对网络的监管，首先要提高自身的防范意识，对于一些常见的网络隐患和网络安全问题需要及时的进行检查，提高自身的网络安全隐患意识。

计算机软件开发存在问题。计算机软件的开发在开发组织结构方面存在着问题，其中一些网络系统会存在着内部和外部的问题，这些管理的运行需要进行特定程序管理应用。当这些程序存在一定缺陷时，就为攻击者提供了机会。他们通过程序的侵入从而导致系统出现问题。在进行操作的时候，内部也存在这一些不稳定因素，这些因素因为在操作上存在着隐患，所以，在进行安装和下载以及卸载的过程中就一直伴随着不安因素，尤其是从网络上进行下载，不安全因素会大大地增加，因为网络上很多的文件都带有插件，这种插件风险比较大，一旦在下载的过程中附着病毒，后果可能是整个系统崩盘。

三、计算机网络如何发展

计算机网络的发展离不开政府的支持，需要进行网络安全高度重视，计算机安全技术面临的较快的发展规划，国家大力倡导加大网络安全技术的维护，将多部门进行联合形成一定的防御部门。根据防火墙的应用和加密钥匙等防御工具进行升级，促进网络安全技术的良好发展，同时，网络安全技术需要各方面普遍认识到新的网络安全的重要性，网络用户的不断增加，需要通过安全意识保驾护航，这样才能使很多不法分子无法钻空子，保证计算机网络安全的健康发展。

计算机网络安全是当下比较重视的问题，网络安全时时刻刻影响着人们，在人们通过网络安全技术得到快速发展的今天，越来越多的网络技术作用我们的生活。提高网络安全的意识，使网络环境安全化需要社会各方面的支持，更需要网络管理员提高自身素质，还需要受众提高网络安全意识，只有各项元素都达到了标准要求，计算机网络安全才能提高。

第五节　"云计算"环境中的计算机网络安全

云计算技术的出现，给计算机网络带来较大的变革，给人们的工作和生活带来很大的便利，但计算机网络的安全问题仍是人们关注的焦点。本节对云计算技术进行简单的介绍，并对云计算环境下计算机网络安全问题和网络攻击方法进行深入的分析，并提出了一些实用的网络安全防护技术。

随着互联网络的不断普及，网络已经涉及生活和工作的很多方面，随着云计算技术的发展，使得互联网的开放性、共享性得到进一步扩展。同时，病毒、木马和黑客攻击程序等安全问题不断突显出来，对计算机网络安全造成了威胁，需要对云计算环境下的网络安全问题进行分析，并采制定出有效的防护措施。

一、云计算技术简介

云计算是以互联网技术作为基础的新型计算技术，可以根据具体需求给计算机和智能手机等终端提供云资源；可以实现数据资源的云端共享，采用分布式处理方式、云存储技术和虚拟技术可以更好地减少成本，可以为人们提供便捷的网络服务。云计算不是一种特定的应用，可以根据用户需求开发多种应用，应用程序可以在云端下运行。采用云计算技术可以节省对计算机等设施的投入成本，减少用户资金压力，计算机的性能也会得到有效提升，减少对软件维护支出。在云计算环境下，可以防止计算机中的数据被黑客盗走、破坏，保证数据信息的安全。

二、云计算环境下计算机网络安全问题

云计算技术安全问题。云计算服务给人们工作和生活带来便利，如果云计算服务器出现运行故障等问题，用户的网络服务就会被中止。随着科学技术的进步，以 TCP/IP 网络协议作为核心的网络技术得到了发展，但网络安全性仍然没有完全解决，虚假的网络地址和硬件标签问题较为突出。

云计算网络需要解决的问题。现在的网络环境当中，计算机病毒是很难彻底根除的问题，同时，还有一些黑客进行非法攻击，云计算中存储在的大量数据对黑客有着极高的利用价值，可以凭借计算机和网络技术进入到用户电脑系统和云计算账号中，对存储的信息进行窃取和篡改，使得云计算用户对云端服务失去信心，无法保证云端数据的安全性，同时，由于计算机网络配套的法律制度还不健全，无法有效地对非法人员进行处罚，需要制定出完善的网络数据保障体系，采用法律的手段进行管理。

云计算内部安全问题。随着互联网规模的不断变大，给非法窃取用户数据信息的黑客提供了庞大的资源。云计算技术发展给用户提供了更好的数据存储平台，但在数据传输过程中存在着被窃取的风险。云端的数据虽然对其他云端用户进行保密，如果提供云端服务企业的人员利用网络技术，则可以轻松获取到用户账号和密码，导致了数据泄露的风险，会使云端服务企业失去信用。

三、计算机网络攻击方法

利用网络系统的漏洞进行攻击。由于网络管理人员的工作疏忽，或者网络自身存在漏洞，一些黑客根据网络系统和计算机的漏洞便可以进行攻击，进入到服务器系统中来获取账户和密码。需要做好网络系统漏洞修复的工作，加强网络管理水平、培养管理人员的计算机能力，为系统及时安装补丁，可以更好地对系统漏洞进行修复。

采用电子邮件进行攻击。CGI 和邮件如果被黑客人员利用，就会向用户发送大量的垃圾邮件，使用人们无法使用邮箱，影响着正常信息交流。用户可以及时安装垃圾邮件处理软件，保证邮箱可以得到正常应用。比如，采用 Outlook 等软件实现邮件的接收。

攻击后门软件。有些黑客通过得到电脑的用户权利实现对电脑的控制，后门软件分为用户端、服务器端两类，进行非法攻击时多采用用户端来实现登录用户电脑。服务器端的应用程度比较小，可以把该后门程序附在其他软件上，用户下载应用软件并安装到服务器上时，就为黑客安装了后门软件，该类软件有着很强的重生能力，无法清除存在着较大的难度。

拒绝服务攻击。黑客人员会把大量的无用数据包不断地发送到被攻击服务器，从而把服务器的空间完全占满，使得服务器无法为用户提供正常的服务。这就使得用户无法进入到网站，严重情况下会使服务器瘫痪。为了防止受到拒绝服务攻击，需要服务器端安装好防火墙软件，或者利用伪装软件把服务器的 IP 地址隐藏起来，可以有效地避免受到该种攻击。

四、云计算环境下网络安全防护技术

漏洞扫描技术。利用扫描技术可以能网络主机具备的安全性能进行自动地检测，对 TCP/IP 数据端品进行查询和通信，对主机的响应情况进行记录，并对特定项目中信息进行获取。主要采用程序安全扫描来实现对漏洞的检测，需要在较短的时间内，可以把计算机网络系统中的安全薄弱部位查找出来，完成扫描之后可以信息状态输出，可以为程序调试人员提供参考。

防火墙技术。利用网络防火墙技术可以对网络访问进行有效的控制，防止不法分子进入到计算机系统中，是对内部互联网进行安全防护的有效手段。当外部不法分子企图进入到内部网络中，内部网络信息需要通过防火墙来进行过滤，对互联网的信息流进行安全控制，可以抵御外部不法分子对内网的攻击，防止黑客进入到计算机网络系统，云端的数据和信息可以免受篡改和破坏，为用户提供安全的云端服务。

病毒防护技术。为了更好地防止计算机系统受到病毒入侵和破坏，需要采用主动的网络病毒防御技术，可以对病毒进行准确的识别和判断，从而进行有效的拦截和隔离。采用单机防病毒软件，可以实时监测计算机资源，定期对计算机进行扫描，如果存在计算机病毒则需要立即清除，从而保证计算机系统和存储的文件资料不会受到破坏。互联网病毒主要针对互联网上流通病毒，如果应用网络中存在着病毒，网络防病毒软件可以及时发现病毒并进行处理。

网络访问控制技术。为了更好地保护计算机内数据信息，避免不法人员突破管理权限对计算机进行访问，是对网络安全进行有效防护的主要手段。网络访问控制技术主有对资源访问权限、属性控制等，进行入网访问控制为云计算提供更好的首层控制办法，建立起网络访问控制权限，对用户的访问区域进行界定，当用户获取网络资源时，可以实现入网站点和时间等方面的控制，可进一步减小黑客不法访问云端数据的可能性。

加密授权访问。在众多的计算机网络安全技术当中，和防火墙功能比较相近的还有数据加密处理技术、网络用户授权技术等。对用户在网络中传输的数据进行加密，或采用用户授权访问控制，由于具有很好的安全防护性能，已经在开放性网络中得到了大量的应用。网络数据加密处理技术，是对传输中数据加入密钥，多采用公用密钥加密技术，由于公密钥是对外界公开的，人们可以利用公密钥来对数据进行加密，结合用户实际需要，把进行加密处理之后的数据信息传送给采用私密钥进行加密的用户，而私密钥则完全保密的。

综上所述，随着云计算、大数据技术的广泛应用，计算机网络安全问题得到了人们关注，对网络安全漏洞进行防护变得更为紧迫。采取有效的网络安全防护技术，可以更好地保证用户数据信息的安全，分析云计算环境下的网络风险，对采取的安全管理策略进行合理调整，提高网络管理人员的综合素质，构建起安全的互联网系统。

第六节　大数据时代的计算机网络安全

当下人们生活进入到大数据时代，网络安全给诸多的企业及个人带来威胁和挑战。加强关于网络安全方面的管理工作，对维护社会稳定具备极重要的意义，在大数据时代背景之下，网络安全是非常关键的。本节对当下大数据网络安全的相关问题展开分析，对网络安全的防范提出一些应对策略，希望对国内计算机网络的发展能有一定的帮助。

大数据时代下，计算机技术实现迅速发展，被诸多的领域广泛应用，为企业发展提供先进科技的支持，在计算机网络辅助下，数据信息在经济、政治以及生活中发挥出重要的作用，借助网络实现传递以及共享，大量的信息服务也对网络造成诸多的威胁。

一、大数据及计算机网络安全

大数据。从表面上看就是大量数据的意思，有着多样化的特征，当下数据总量不断增加，计算机数据处理也不断提速。在数据处理中，云计算技术被应用，让计算机网络的整体性能得到提升，以云计算为数据中心，改变了人们获取信息的方式。从原本的有限信息，到现在的个人计算机以及无形终端。大数据的类型多、数量庞大，被运用到诸多的产业中，但是网络传输造成的安全隐患，必须引起高度重视。

计算机网络安全及潜在威胁。网络安全，就是在一个环境中，借助必要的管理制度以及网络技术，保证网络信息传输的保密性以及安全性。在大数据时代，信息传输多样化，网络介质复杂，对网络安全的影响因素是非常多的，其中一些是人为因素，另一些则是系统漏洞导致，对网络安全造成极大的威胁。

二、大数据时代下计算机网络安全问题

系统漏洞。从理论上看，当下的任何网络系统都是有漏洞存在的，无论被广泛运用的Windows还是Linux，这些系统本身都是存在漏洞，其存在是客观的因素，可以进行控制以及预防。然而，还有硬件以及软件的漏洞，用户进行软件下载的时候，容易有所疏忽，形成一定的安全隐患，这其中造成的漏洞，对计算机网络造成的破坏是十分严重的，并且这种情况难以预测，不法分子会利用这些漏洞，窃取人们的信息、数据以及隐私，给网络环境带来诸多的隐患。

信息内容安全。在大数据环境之下，计算机网络中有着庞大的信息流，其内容是十分错综复杂的，在诸多的信息中，基于网络环境本身的开放性，数据自身安全有所降低。对信息内容安全造成潜在威胁的主要是信息泄露以及破坏的行为。而造成信息泄露以及破坏，最主要的路径就是非法窃取以及病毒攻击，让信息可用性被破坏。

人为操作不当引起的安全隐患。在计算机网络的实际操作中，很多的隐患是人为因素造成的，其中有一些是无意操作，一些则是恶意操作。计算机网络被运用到诸多的领域中，然而，用户对计算机网络的操作技能是高低不一的，不是所有的人都能够掌握计算机网络安全技能，也不是所有人都对计算机网络的相关规则足够了解。如果个人操作不符合安全规则，其失误就会导致出现隐患，如一些重要的信息被破坏，给不法分子可乘之机。当很多的信息被不法分子获取到，就会造成十分严重的损失。

另外也有些是恶意攻击，让计算机网络面临威胁，不法分子借助各类的违规操作，对计算机网络的信息进行窃取或者破坏，让信息有效性降低。或者是在不影响网络运行的情况下，进行信息的获取以及截取，从而对计算机用户的信息进行盗用，对计算机安全造成威胁，形成十分恶劣的后果。

网络黑客攻击引起的安全隐患。黑客对计算机网络来说，是非常有隐蔽性的一种威胁，破坏力也是非常强的，当下网络信息的价值密度降低，运用计算机网络的分析工具，难以对隐蔽性的黑客行为进行识别，若是黑客用非法手段对计算机网络信息进行获取，就给网络安全造成严重危害。

网络病毒。计算机网络的整体发展是十分迅速的，也造成了一些病毒的出现。网络病毒的蔓延，时刻对计算机网络造成影响。计算机有着复制性，导致病毒容易在计算机网络的内部进行传递以及干扰，若是计算机网络被病毒入侵，系统运行就会受到病毒的破坏，这样不仅会破坏计算机网络上的应用程序，还会导致数据信息被窃取，严重情况下整个系统会陷入瘫痪。

三、大数据下计算机网络安全防范措施

防火墙和安全检测系统的应用。对计算机网络采取防范措施，要建立安全管理的体系，在技术上要加强对网络安全的维护，为了抵御外部的恶意攻击以及病毒，常用防火墙对计算机网络提供保护，对恶意信息进行阻挠。防火墙就是借助拓扑结构，对计算机网络展开防护。当下在诸多的公共网络以及企业网络中，防火墙技术被广泛应用，是最适合安全管理的一种手段。一般情况下，防火墙会将数据系统分成内部以及外部两个部分，内部的安全性更高，人们可以将信息都在内部系统中进行存储。另外防火墙可以对系统进行检测，将其中的安全隐患清除，在很大程度上可以避免数据被破坏或者攻击。

防范黑客。黑客行为对计算机网络造成严重的威胁，因此要整个大数据，建立黑客攻击的模型，并提升对黑客进行识别的速度，经过内外网的隔离，对防火墙配置进行强化，来降低黑客对计算机网络进行攻击的可能性。另外是推行数字认证技术，对数据访问进行控制，建立完善的认证渠道，防止系统被非法用户进行访问。

加强网络安全管理。因为计算机网络的管理人员，在管理方面的疏漏，可能会导致网络漏洞的出现。计算机网络的管理人员，需要注重日常的管理以及维护，个人用户要注重网络安全，熟悉网络安全的特征，对网络信息展开管理。在技术允许的情况下，要关注大数据下网络安全防护，使用合理的管理措施，对系统采取安全管理的措施。机构单位在对计算机网络展开应用时，要建立动态的管理制度，借助较强的安全防护措施，建立计算机平台，主观上加强对网络安全的重视度。

杀毒软件的安装和应用。计算机网络的发展是十分迅速的，病毒也在对计算机网络造成威胁，常见的病毒中有木马、蠕虫等等、在对计算机网络展开应用时，要注重防止系统受到病毒的感染以及攻击。值得庆幸的是，当下在计算机行业有诸多的厂商开始开发出云安全技术以及杀毒软件，并且有很多都是免费对用户开放的。注重和加强对杀毒软件的不断开发以及普及对于杀毒软件的应用，可在很大程度上让计算机网络免于病毒的破坏。

强化信息存储和传输的安全保障。在计算机网络的实际应用中，保证信息存储以及传输的安全性，可以借助加密技术，实现对数据的加密传输，这样可以避免受到非法分子的窃取，因为非法分子无法读懂密文，所以，即便是信息被窃取，在其中也是无法获取到有

效内容的，避免自身的财产受到损失。

大数据下计算机网络被运用到诸多的领域，技术的发展也是十分迅速的，然而计算机网络的实际发展，也面临诸多的安全隐患。为了维护好计算机网络的安全性，需要注重各类技术以及管理制度的完善，保证网络信息的安全性以及稳定性，避免人们在网络安全方面存在隐患。

第五章　计算机网络安全的创新研究

第一节　计算机网络安全中数据加密技术

近年来，我国科学技术的发展得到了飞速的进步，其中各项信息技术、互联网技术、数字技术、计算机技术等都有着迅猛的发展，并且逐渐渗透到人们生活的方方面面，成为人们生活中不可或缺的一部分。科学技术的飞速发展为人们的生活、工作、生产等都带了巨大的便利，但与此同时，科学技术迅猛发展背景下伴随的网络安全问题也越来越突出。就计算机网络技术而言，其具有开放性、共享性、互动性的特点，所以，很容易存在各种安全隐患、风险隐患，而一旦出现网络安全问题，那么所带来的后果和影响都是巨大的。因此，这就需要加强对计算机网络的安全管理。数据加密技术是计算机网络安全管理中一种常用的安全技术，其在保证计算机网络安全方面发挥着重要的作用，本节就计算机网络安全中数据加密技术进行详细分析。

随着社会经济的快速发展以及时代的不断进步，现如今，我们已经逐渐步入了信息化时代，在信息化时代下，各种信息技术、网络技术都得到了迅猛的发展，通信网络也越来越发达，已经深入到了我们社会生活的方方面面，这也给我国的经济建设带来了巨大的帮助。但是，由于网络具有开放性、隐蔽性、共享性等特点，再加上网络环境非常复杂，所以很容易发生各种安全问题。在此背景下，如何有效保证计算机网络安全是社会需要重点考虑的问题，确保通信网络安全也成了通信运营企业的重要工作内容。数据加密技术是信息时代下的产物，通过应用数据加密技术可以更好地保证计算机网络安全，可以说，数据加密技术是网络安全技术的基石。因此，为了更好地保证计算机网络安全，加强对数据加密技术的应用和研究就显得尤为重要和必要。

一、数据加密技术概述

数据加密技术是一种常用的网络安全技术，简单来说，就是指应用相关的技术以及密码学进行转换或替换的一种技术。通过应用数据加密技术，可以对相应的文本信息进行加密秘钥处理，将文本信息转换为相应无价值的密文，这样一来就可以避免文本信息被轻易阅读、泄露、盗窃等，进而保证文本信息的安全。可以说，数据加密技术是网络数据保护中的一项核心技术，其在保证网络数据安全方面发挥着至关重要的作用。数据加密技术能够通过相关的信息接收装置进行解密，从而对相应的文本信息进行回复，在整个信息传输过程中，信息数据安全性都可以得到保证。就目前来看，随着计算机网络技术的广泛应用，网络安全问题也越来越突出，而网络安全问题所造成的影响和结果都是巨大的，因此，这就需要加强对数据加密技术的有效应用，以此来更好的保证网络安全。目前常用的数据加密方式包括对称式加密和非对称式加密。就对称式加密而言，是指加密的密钥与解密的密钥为同一个密钥，这种加密方式在网络安全管理中有着广泛的应用，其优势就在于加密简单破译困难，所以，这一数据加密方式适合大量数据的加密需求。就非对称式加密而言，是指加密的密钥与解密的密钥不同，这种数据加密方式相对于对称式加密而言，可以更好地提高加密的安全性和可靠性。但是，这种加密方式算法较为复杂，并且加密速度比较慢，所以更适用于重要数据信息的加密需求。总而言之，数据加密技术对保证计算机网络安全具有重要的意义和作用，加强对数据加密技术的合理有效应用可以更好地保证数据信息安全。

二、计算机网络发展现状分析

计算机网络发展迅猛。随着社会经济的快速发展，以及时代的不断进步，我国科学技术也得到了迅猛的发展，尤其是近年来，计算机技术得到了迅速的推广和应用，这也在很大程度上促进了我国现代通信的发展。现如今，计算机技术已经被广泛应用于各个领域中，如国家经济建设、国防建设、人民社会生活等都离不开计算机技术的支持，可以说，计算机技术已经成为当前社会发展不可或缺的一部分。而计算机是一个开放、共享的平台，所以通过计算机网络进行传输、传递的信息、数据等都很有可能被泄露。就目前来看，通信网络安全已经成为人们日常生活中一个较为苦恼的问题。计算机网络应用中的所有数据、信息都与人们的隐私、机密有关，一旦泄露就很容易带来严重的影响和后果。由此可见，在计算机网络迅猛发展下，其带来的网络安全问题也越来越突出。而随着计算机技术的进一步发展，其应用也会更加广泛且深入，比如，就目前来看，我国参与计算机网络使用的人数是世界第一，在计算机技术的不断发展背景下，计算机网络使用量必然会不断增加，而其中所存在的网络安全问题也会不断突出。如何有效保证计算机网络安全？促进计算机网络技术健康稳定发展是当前需要重点考虑的问题。

计算机网络安全问题突出。在计算机网络技术广泛应用背景下，所呈现的计算机网络安全问题也越来越突出。各种网络安全问题不仅会影响到人们的日常生活，同时也会对国家经济建设造成一定的影响。而导致计算机网络安全问题出现的原因与人们的网络安全意识缺乏、计算机网络安全基础设施水平较低、计算机网络业务增长太快等有很大的关系。目前常见的计算机网络安全问题包括，计算机系统漏洞问题、计算机数据库管理系统安全问题、网络应用安全问题等，这些网络安全问题所造成的影响都是巨大的。为了更好地保证计算机网络安全，就必须加强采取有效的技术手段，如数据加密技术的应用就可以更好地提高计算机网络安全性。

三、计算机网络安全中数据加密技术的应用

链路加密。链路加密是数据加密技术中一种常用的技术，该项加密技术在计算机网络安全管理应用中有着广泛的应用，其对于提高网络运行的安全性具有重要的作用。链路加密主要是在网络通信的过程中进行数据加密，并且加密过程都是动态的，简单理解，就是在每一个通信节点上进行加密解密，而每一个节点的加密解密密钥都不同，所以，在数据传输过程中，每一个节点都处于密文状态，这对于保证数据信息的安全性具有重要的作用。链路加密数据不仅能够对每一个通信节点进行加密，同时对于相关的网络信息数据还可以实现二次加密处理，进而使得计算机网络数据得到双重保障。在计算机软件、电子商务中，都可以加强对链路加密技术的应用，以此来更好的保证计算机网络安全。

节点加密。节点加密技术属于比较常见的一种数据加密类型，将节点加密技术应用到计算机网络安全中，不仅可以有利于保证信息数据的安全性，同时还可以使得数据传播质量及效果得到更好的保障，所以，这一加密技术有着十分广泛的应用。节点加密技术的方法与链路加密技术的方法具有一定的相似性，二者都是在经过链路节点上进行加密与解密工作。但是相对于链路加密技术而言，应用节点加密技术所耗费的成本更低，所以，存在资金影响的用户就可以对节点加密技术进行更好地利用。不过，节点加密技术也具有一定的不足，就是在实际应用过程中，容易出现数据丢失的问题，为了更好地保证数据信息安全，还需要对这一技术进行不断地完善和优化。

端到端加密。端到端加密也是数据加密技术中一种常用的安全技术，在实践应用中，该项技术具有较强的应用特点和优势，比如端到端加密技术的加密程度更高，技术也更加完善，所以可以更好地保证数据信息的安全性。端到端加密技术虽然也是在传输过程中进行加密，但是该项技术可以实现脱线加密，所加密操作更加简单，且应用成本不需要很高，就可以发挥出较为突出的加密效果。因此，端到端加密技术在计算网络安全中也有着广泛的应用，比如在局域网中应用端到端加密技术，可以有效地消除信息泄露风险，进而更好的保证信息数据安全。

综上所述，在信息化时代下，计算机网络技术已经被广泛地应用到各个领域中，其已经成为社会生活中不可或缺的一部分，而在此背景下，网络安全问题也越来越突出。对此，就需要加强对数据加密技术的有效应用，通过数据加密技术，来更好的保证计算机网络安全、数据安全、信息安全，进而创建一个安全健康的网络环境。

第二节　物联网计算机网络安全及控制

就物联网而言，这是一种新型的网络技术，随着这种技术逐渐发展成熟，已经在许多行业领域得到了深入应用。而物联网计算机网络安全就逐渐引起的广泛重视，计算机网络

安全属于其中的关键部门，具有重要影响。所以，当前就需要加强物联网计算机网络安全的研究，找出计算机网络安全的有效控制对策，从而确保物联网系统安全。

一、物联网的概述

当前，学术界对物联网并没有形成一个明确、统一的定义。以物联网的实质来讲，物联网主要是指这些方面：首先，以物联网作为基础，进行物物相连，进而实现网络延伸和扩展。另外，就是通过物联网的识别技术、通信技术、智能感知技术，实现物品间的信息交流。而在实际应用中，就需要将互联网、物联网、移动通信进行有效整合，在建筑、公路、电网、油气管道、供水系统、道路照明等物体中安装感应器，以构建业务控制系统，从而实现对这些设施设备的集中管控，以利于人们生产活动实现精细化、智能化发展，不断提升生产水平。

二、物联网计算机网络中的安全问题

就物联网而言，其网络终端设备主要是出于无人看守的运行环境中，又因为终端节点数量过多，以至于物联网会遭受组多的网络安全威胁，进而引发各种安全问题，这些问题主要包括这些：

终端节点的安全问题。由于物联网的应用种类具有多样性特点，就使得网络终端设备具备较多类型，会包括传感器网络、移动通信终端、无线通信终端等。因为物联网终端设备的运行环境是处于无人看守的状况，所以就缺乏了有效终端节点控制，进而导致网络终端遭受安全威胁。①非授权使用。网络终端设备在无人看守的环境中运行，就容易遭受公共者的非法攻击和入侵，攻击者一旦入侵了物联网终端，那么就可以非法拨出和挪用UICC。②节点信息遭读取。网络攻击者会强行破坏终端设备，以导致设备内容非对外口暴露，这样攻击者就可以获取会话秘钥和一些信息数据。③感知节点遭冒充。网络攻击者可以使用相关的技术手段，冒充感知节点，并由其在感知网络中汇入信息，依次为依托进行网络攻击，比如进行信息监听、虚假信息发布等活动。

通信安全问题。计算机网络通信的服务对象是人，在通信终端数量过少或者是通信网络承载能力较低时，就会加强网络安全威胁。①造成网络拥堵。物联网会包含数量庞大的网络设备，使用当前的一些认证方式，就会产生相应的信令流量，而在短时间内就会有大量设备申请网络接入，从而造成严重的拥堵。②秘钥管理。在计算机网络通信使用逐一认证方式进行终端认证之后，就会形成保护秘钥。当通信网络中接入物联网设备时，并形成密钥，就会造成严重的网络资源消耗，而且物联网中包含了一些比较复杂的业务种类，同一个用户在使用同一个设备进行逐一认证就会形成不同密钥，以至于良好大量的网络资源。

感知层安全问题。①安全隐私。感知层中的 RFID 标签和一些其他的智能设备侵入一些物品之后，就会导致物品拥有者被动地接受扫描、定位、追踪等行为，导致物品拥有者的隐私遭到公开。便给 RFID 标签会应答任何请求，从而提高了被定位和追踪风险。②智能感知节点安全问题。由于物联网设备都是出于无人看守的运行环境，具有较强的分散性，这就会导致攻击者易接触和破坏物联网设备，或者是通过本地操作进行设备软硬件的更换。

三、物联网计算机网络安全的有效控制对策

感知层安全控制对策。使用加密方式，就加密方式而言，主要包括了逐跳加密、端对端加密这两种方式。就逐跳加密方式而言，其传输过程是使用加密方式进行完成的，在加密过程是需要对传输节点进行不断的加密与解密，每个加点信息都是明文形式。这种加密方式是在网络层中进行加密的，能够满足各种业务的需求，以确保业务中安全机制的挺有名化，具备着效率高、可扩展性、延时低等特点，可以对受保护连接进行加密，要求传送节点具备交稿的可信度。就端对端加密方式而言，其可以结合业务类型，来选择合适的加密算法与安全策略，从而提供端到端的安全加密措施，以保证业务的安全性。这种价目方式无法加密信息目的地址，不能隐藏信息传输起点和终点，也就会容易遭受恶意攻击。所以，物联网中就可以使用逐跳加密方式，可以将端对端加密作为一个安全选项，在用户具有较高安全需求时，就可以使用端对端加密方式，以实现端对端安全保护。另外，在加密算法当中，哈希锁属于一种重要方式，可以以此为基础进行加密技术的改进。以在不同领域需求中使用。

安全路由协议。对于物联网来讲，其是由感知网络和通络网络所组成的，物联网路由会跨越多种网络类型，包括了路由协议、传感器路由算法等等。就安全路由协议而言，这是一种以无线传感网络节点位置为基础，实施保护的方法，可以随机路由策略，以确保数据包在传输过程中不会由源节点传输到汇聚节点。而是由转发点在一定概率下降数据包传送到远离汇聚节点的位置，其传输路径具备多变性，所以，每个数据包都会随机形成传输路劲，而攻击者就不易虎丘节点位置信息，以实现物联网的安全防护。物联网安全路由协议主要使用的是无线传感器路由协议，可以避免非法入侵申请的通过和恶意信息的输入，但是，并不能满足物联网三网融合的需求，以至于在确保安全网络下，降低了物联网新能。当前的中安全路由协议存在着一定的局限性，要使用一套可行的安全路由算法，对入侵者的恶意攻击进行有效组织。首先，可以使用密钥机制，来构建一个安全的网络通信环境，以确保路由信息的交互安全。另外，可以使用冗余路由传输数据包。在构建安全路由协议时，就会充分考虑物联网性能需求与组网特征，要能保证其实用性，保证安全路由协议可以满足实际需求，有效阻止不良信息的汇入。

防火墙和入侵检测技术。为了提高传输的安全性，就可以根据物联网性能要求与组网特征，研发特殊的防火墙，制定具备更高安全性的访问控制策略，有效地隔离不用类型的网络，从而保证传输层安全。在应用层可以使用入侵检测技术，对入侵意图和入侵行为进行及时检测，使用有效措施进行漏洞修复。首先，可以对异常入侵进行检测，根据异常行为和计算机的资源情况，有效地检测入侵行为，使用定量分析，构建可接受的网络行为特征，区分非法的入侵行为。另外，可以检测误用入侵，使用应用软件和系统的已知弱点攻击方式，进行入侵行为的检测。需要根据物联网特征，设计出于物联网系统高度符合入侵检测技术，从而加强物联网系统安全。

总而言之，物联网计算机网络安全属于物联网系统中的重要部分，是确保数据信息安全的重要因素。在构建物联网系统中，需要考虑到物联网性能、物联网特征、物联网需求，使用可行的安全控制策略，以确保计算机网络安全，确保物联网的数据安全，以推动物联网应用行业的发展。

第三节　计算机网络安全分层评价体系

现如今，在这个信息化飞速发展的时代，计算机以及互联网广泛应用于人们的工作和生活中。计算机以及互联网在给人们带来方便的同时也存在着一定的安全隐患。面对互联网，网民们的需要做的就是增强自我保护意识和遵守互联网秩序。相关部门和企业需要在立足于现实情况，通过构建一系列系统完备的体系稳定网络秩序，为用户提供一个安全的网络环境，保障用户的信息安全。使企业在完善的分层评价体系下能够获得长远发展。基于此，本节通过分析目前计算机网络安全分层评价体系的不足，为构建更加完备、科学、系统的计算机网络安全分层评价体系提供有效建议，为计算机网络安全分层评价体系的构建工作提供充足的理论支持。

计算机网络安全是一个热点话题，计算机在网络连接下发挥着强大的功能。互联网技术使每一台计算机在协议允许的情况下轻松与互联网连接，从另一个角度来说，这意味着互联网的安全隐患潜伏，随时都有可能爆发。所以，相关部门为了降低甚至解决计算机网络安全隐患而建立了分层评价体系，虽然这个体系尚未完备，还存在一定的不足之处，本节就分层评价体系的不足进行深入的分析研究并给予合理的建议，为后续网络安全工作提供支持。通过弥补目前计算机网络安全分层评价体系的不足之处，完善分层评价体系，为用户提供一个安全、秩序井然的网络环境，使用户可以轻松工作、愉快生活。完善的计算机网络安全分层评价体系为企业的发展提供支持，使企业能够实现更好的发展。同时，促进我国互联网的长远健康稳定发展。

一、计算机网络安全分层评价体系的不足之处

防护范围局限。网络安全，主要说的是计算机硬件和软件的安全问题。网络安全涉及用户的方方面面，比如，个人信息安全、个人账户安全、文件资料传输安全、企业信息安全等。网络技术的成熟程度以及网络管理的规范与否都很大程度上影响着网络安全。因此，提升网络技术水平、规范网络管理、创造良好的网络环境是至关重要的。如今，计算机网络安全分层评价体系防护范围存在局限性，部分内容分离在保护范围之外，因此，存在巨大的安全隐患。比如在传输资料的过程中往往会携带木马病毒，而且木马病毒的发现也后知后觉，通常只有在发现破坏之后才会意识到。这是目前计算机网络安全分层评价体系存在的不足，加大分层评价体系的保护范围是网络安全工作的重中之重。

功能较为落后。目前现有的安全分层评价体系还面临着一个非常严重的问题就是功能落后。其落后主要说的是识别新木马方面和发现新木马方面。目前的安全评价体系在识别新木马方面存在一定的难度，因此，难以进行及时的防御。目前的安全评价体系在发现木马方面特别的不及时，通常是在木马病毒已经造成破坏之后才被发现。这两个缺点就使目前计算机网络安全分层评价体系的价值大打折扣。比如，个人计算机与互联网连接后，用户下载文件时，文件携带的木马病毒没有及时发现，木马病毒潜入电脑之后，个人信息就会面临着被曝光的危险，系统也会面临着破坏的可能。如果潜入电脑的木马属于远程木马，后果更加不堪设想。在整个破坏过程中，不易被察觉，除非工作人员自己发现异常，通过手动处理，分层评价体系才能发挥其应尽的作用。即使分层评价体系发挥了作用，木马病毒产生的危害也无法弥补。这无疑体现了计算机网络安全分层评价体系的滞后性。分层评价体系的滞后性将会给用户和企业带来不必要的麻烦，甚至造成更严重的损失。因此，提高分层评价体系的功能尤为重要，从而稳定了网络秩序，保障了用户的信息安全。

层次建设不完善。层次建设计算机网络安全分层评价体系的核心，只有层次建设完善了，计算机网络安全分层评价体系才能有效发挥作用。分层评价体系是一个全面的系统，它既包括甄别、处理、反馈、记录等系统，又包括指令、传输、执行等系统。计算机网络安全分层评价体系不但有防护功能，还有处理功能。比如，防火墙，防火墙隔离可疑程序，甄别系统判断此程序是否存在安全隐患，执行端会自动将存在风险的程序删除，将有用的程序反馈给指令中心，然后通过执行端执行。目前的分层评价体系只是单纯的具备隔离可疑程序的功能，其他的功能还不具备。

二、构建完备的计算机网络安全分层评价体系

扩大安全防护范围。加强对计算机网络安全的管理，首先要扩大安全防护范围，只有具备个人信息安全防护、资料传输安全防护、个人账户安全防护、网络管理安全防护等功能的体系才能称之为完备的计算机网络安全分层评价体系。目前的计算机网络安全分层评价体系还不够完善，无法实现这么多方面的防护，需要在以后的工作中一步步完善。我们就资料传输防护展开，资料传输过程中，无论是用户还是计算机都无法甄别其内容，所以无法提前预知可能存在的风险。我们可以通过在接收端设置防火墙和识别系统，当文件到达用户节点时，都要经过防火墙的检查，可疑文件直接删除。甄别系统可以通过识别木马的类型，判断文件是否携带病毒。比如，链接式木马通常会携带大量的广告，甄别系统会根据这一规律进行识别，在遇到风险时发出警报，然后由用户手动处理。

应用实时监测机制。实时监测机制是指对计算机进行随时随地地监测，使分层评价机制始终处于运行检测状态。当木马病毒侵袭计算机时，实时监测机制可以及时发现并发出警报。实时监测机制不同于防火墙与甄别系统，实时监测机制是防火墙与甄别系统的补充与延伸，通过实时监测系统，计算机可随时察觉到网络安全状态，从而针对网络状态运行相应的程序。木马病毒的侵袭往往是不易被人察觉的，所以甄别系统识别起来存在一定的难度。有许多木马通常会伪装成普通程序的样子侵袭计算机，防火墙在面临伪装后的木马也

一时难以识别，所以通常会失效。面对如此难以辨别的木马，实时监测机制就显得强大了许多。实时监测机制看起来与防火墙功能一样，但是，它与防火墙相比就显得更加的严格。防火墙只能对可疑文件进行隔离，而实时监测机制可以对任何进入计算机的文件、程序进行监测并发出警报。这样可以及时提醒工作人员。在工作人员没有及时处理的情况下，实时监测机制可以及时反馈给中央处理系统，以便及时隔离。实时监测机制使计算机网络更加的安全可靠。

完善层次建设。层次建设是计算机网络安全分层评价体系的核心，对于层次建设的完善势在必行。网络技术随着时代不断地发展愈来愈成熟，与此同时，网络攻击的形式也变得多样。面对多种多样的网络攻击，传统的防御技术已经无法满足如今激烈的网络攻击。在应用计算机网络安全分层评价体系过程中，首先要抓防护重点、严格控制访问，在访问过程中用户要按照正确的步骤访问：首先填写用户身份、其次输入用户指令、查验验证信息、账户检测。四个环节缺一不可，无论是哪个环节出现错误，用户都无法进行访问。然后通过网络安全控制和网络权限控制严格控制用户下载软件，并能灵活应对非法行为。完善层次建设是维护网络安全的重中之重。

如今，面对千变万化的信息时代，计算机网络技术的应用遍布在人们的生活和工作中，网络安全成为人们最关心的问题，网络安全成为人们最担忧的问题。网络安全事故层出不穷，让人们胆战心惊，人们的网络安全意识也越来越强烈。从目前看来，计算机网络安全分层评价体系的建立一定程度上维护了网络秩序，由于其存在明显的不足，严重影响网络环境。目前，防护范围局限、功能滞后、层次建设不完善明显的暴露了计算机网络安全分层评价体系存在的弊端和不完善的地方。力图通过扩大防护范围、应用实时监测机制以及完善层次建设弥补计算机网络安全分层评价体系的不足，为用户提供一个安全可靠的网络环境，促进互联网的稳定健康发展。通过完善计算机网络安全分层评价体系的构建，使网络更安全、可靠，使用户避免受到网络攻击，能够安心地利用网络工作和生活，更大程度地实现计算机网络的自身价值。

第四节　计算机网络安全有效维护框架构建

对计算机网络安全维护框架的构建办法进行研究是避免系统内数据丢失或整体系统无法正常运转的关键，为了确保这一框架能在实际应用中发挥出预期作用。本节将首先针对现阶段计算机网络面临的主要威胁进行分析，进而在此基础之上提出对应的安全维护框架，最后一部分则对这一框架的应用方向做了研究。

在计算机技术、网络技术等不断发展的背景之下，网络安全问题也得到了更多关注，而对于本节所讨论的问题来说，由于防护措施不够健全、操作人员安全意识不强等因素，近年来信息安全问题的出现概率越来越高，数据的大量丢失或被盗用对部分企业或单位的正常运转造成了严重影响。为了从根本上解决这样的问题，针对计算机网络安全问题构建完善的维护体系是非常有必要的。结合现状来看，虽然大部分单位已经能针对计算机网络设置一定的安全措施和管理办法，但由于体系不够健全，实际管控过程中仍难以针对无处不在的病毒、黑客等进行预防。为了缓解这样的状况，本节将在后续内容中提出一种计算机网络安全维护框架，并在此基础上对其应用进行研究，以期能为相关单位及安全管理人员提供理论上的参考。

一、现阶段常见的对计算机网络安全造成威胁的因素

（一）病毒

从定义上来说，病毒就是一段能自我复制的代码，而一旦病毒进入计算机网络内部，那么就会迅速在系统内不断传播，进而导致系统内数据和信息的安全难以保障。除此之外，若不能针对这样的状况迅速做出响应，那么系统内正在运行的软硬件都会因此而受到影响。

（二）黑客

黑客属于主动攻击，同时也具备更强的目的性，若计算机网络防护系统内存在漏洞，那么，黑客就很有可能借助这些漏洞进入到系统内部，进而窃取或破坏系统内的信息和数据。显然，若保密性较高的数据和信息遭到盗取或破坏，那么，对应单位自身也将因此而受到影响，严重情况下将需要承担较大的经济损失。

（三）内部因素

部分病毒可能会伪装成正常文件或网页出现，而若内部人员在操作过程中不具备一定的信息安全意识，不能针对这些内容进行有效核查，那么就会直接导致病毒进入内部计算机网络之中，进而不断传播造成更为严重的影响。

二、计算机网络安全维护框架的构建办法

结合上文中的内容，为了更全面的保障计算机网络安全，仅从一个角度出发完成框架构建是不现实的，若能在这一过程中灵活地将图一中的模型应用起来，具体框架在实际应用过程中自然能更好地满足计算机网络安全需求。

（一）安全服务

计算机网络系统运转过程中可能遭受到的安全威胁实际上是非常多的，而不同的安全问题通常并不是单独出现的，因此，在计算机网络安全防护框架中，安全服务也应包含多种内容，进而应对不同的场合。这些服务之间实际上也并不是独立的，互相之间存在着紧密的联系，如访问控制这一服务的提供就需要数据库的支持，因此，相关人员应能针对不同的应用环境选取几种安全服务同时应用，以此来更好的保障这些服务的提供能达到提升计算机网络安全性的作用。

（二）协议层次

协议是计算机网络的核心内容，而对于本节所讨论的问题来说，图一中的框架结构表明，该结构在应用层完成的安全服务较多，传输层与网络层相对较少，链路层及物理层则基本没有应用。为了从协议角度出发提升计算机网络的安全性，相关技术人员可以采用数据源发及完整性检测来保障整体体系结构安全性能的进一步提升。

（三）实体单元

结实体单元主要是指计算机网络安全、计算机系统安全、应用系统安全三部分，而具体安全技术的使用也应结合这几个单元来划分，以此来保障不同安全技术都能最大化地发挥出预期作用。另一方面，对于这一安全维护框架的实际应用来说，具体安全机制的建立应该是面向所有实体单元的，进而更全面的对计算机网络的安全进行维护。

（四）防御策略

在构建完善的安全防护框架的基础之上，防御策略的确定是决定整体框架能否发挥出预期效用的关键，结合现阶段计算机网络体系管理过程中常见的几类安全风险来看，具体安全防御策略中应包含以下几点内容：①密码系统。在密码系统的作用之下，不同工作人员的操作权限将能得到有效区分，进而很好的对人为因素所导致的安全问题进行管控。②针对不同网络区域设置防护措施。这里的防护措施主要是指防火墙、访问控制、身份识别等，在这些手段的辅助之下，黑客的非法入侵将能很好地得到隔绝。③入侵检测系统。这一系统能实时的对网络系统内部存在的安全隐患和违反安全策略的行为进行监控，计算机网络系统整体的安全性自然能得到更有效的保障。

三、应用方向

由于安全防护工作相较于病毒入侵或黑客攻击等来说其实是十分被动的，安全防护措施也只能针对已知的病毒或攻击手段进行预防。因此，现有计算机网络安全维护框架实际上并不能完全规避各类信息安全问题的出现，而为了有效避免系统内部数据丢失或被盗用，相关单位则必须能结合自身需求丰富安全防护框架中的内容，对不同安全服务进行选择，进而构建更为有效的安全防护系统。结合这些内容，上述安全体系主要的应用方向如下：

（一）端系统安全

从定义上来说，端系统安全主要是指在网络环境下保护系统自身的安全。从这一内容出发，相关人员在构建安全防护系统的过程中只需要利用各类安全技术来保障信息的正常传输即可。身份识别、访问控制、入侵检测等都能有效辅助这一工作的开展，进而从安全机制入手保障系统自身的安全性。银行等单位常用的 UNIX 系统就属于此类。

（二）网络通信安全

网络通信安全体系的构建应包含以下内容：首先，对于网络设备的保护来说，相关人员应能从此类设备应用过程中涉及的网络服务、网络软件以及通信链路等方面入手，针对这些内容设置不同的安全防护措施，从而保障网络设备能在通信过程中正常作用。其次，对于网络分层安全管理来说,具体的安全管理办法应包含数据保密、认证、访问控制等技术。

（三）应用系统安全

对于部分单位内的传统应用系统来说，此类系统自身不能提供安全服务，而结合本节所提出的安全防护框架，实际应用过程中只需要设置应用层代理就能在此类系统中添加安全服务，从而达到保障应用系统安全的目的。另一方面，由于应用系统自身具备非常强的独立性，而本节所提出的框架则能对其提供统一的服务标准，为实际的安全管理工作提供便利，整体系统的安全性自然能得到更好的保障。

综上所述，在对现阶段计算机网络面临的主要安全威胁进行分析的基础之上，本节主要从安全服务、实体单元、层次协议三个维度对具体安全防护体系框架的构建办法进行了深入探讨，进而在此基础上从端系统、网络通信以及应用系统的安全三方面对这一框架对应的应用方法进行了分析。在后续发展过程中，相关单位必须能进一步将计算机网络安全问题重视起来，并结合自身需求构建完善的安全防护体系，避免系统内的数据或信息遭到盗用或损坏。

第五节　数据分流的计算机网络安全防护技术

伴随互联网技术的广泛普及，在当前信息化社会的发展过程中引入了全新的"基于数据分流"概念。计算机网络在基于数据分流时代的发展过程中出现了很多网络安全问题，因此，加强当前我国计算机网络安全就突显的极其重要。本节就将针对当前基于数据分流时代背景下，计算机网络安全的有关问题进行浅要分析，并针对发现的计算机网络安全隐患提出一些切实可行的防范措施，希望能对加强计算机网络安全这一工做贡献一份绵薄之力，仅供参考。

当前计算机网络技术在基于数据分流时代的背景环境下获得了极快的发展步伐，基于数据分流的普及致使当前大量的数据信息在互联网中传递、共享。也正因为基于数据分流的普及使用导致当前的计算机网络出现了多种安全隐患。相关数据统计表明，近年来我国计算机网络犯罪现象逐年增加。正因如此，才要加强当前我国计算机网络安全工作。

一、数据分流

仅以字面意思理解基于数据分流就是大量的数据信息。实际上分析处理能力适用于物联网设备位置固定和低速移动的场景。典型的位置固定的物联网设备包括智能抄表、环境监控设备等。在物联网设备位置固定的情景中，设备发送的数据量小，设备与基站之间通信的数据量往往很小，且以设备上传数据到基站的形式为主。对于这类静态场景，由于设备和基站的位置相对固定，通信链路状态发生改变的幅度一般较小，所以无须频繁调整传输的配置。

二、计算机网络安全及潜在威胁

由于当前网络数据传播采取重复发送数据的方式提高对链路衰减的应对能力，这导致同一个覆盖增强等级下不同设备的路径损耗值会出现比较大差异。为处于统一覆盖增强等级下对应衰减差异大的设备配置同样的重复次数进行数据传输是不合理的。从信号衰减角度来看可将链路状态划分为若干覆盖增强等级，通过判断当前物联网设备所处覆盖增强等级进行重复次数的选择。与此同时，希望利用重复次数的设定区分重要性不同数据的传输优先级，提高所传输数据能带来的平均增益。

三、基于数据分流时代下计算机网络安全问题

当前针对物联网静态场景存在的以上问题，本节首先设计一种面向更优覆盖的 NB-IoT 数据重复发送机制，在此基础上构造数据重复次数的静态场景选择算法。本节对覆盖增强等级进行细分，充分使用物联网设备当前所处的信道状态信息，灵活选择一个当前最优的重复次数，避免传统方法选择固定重复次数带来的低效问题。同时，为了更加适应对传输质量的要求，在同等条件下，考察数据流中数据的重要性，为重要数据分配高优先级。不同优先级的数据采用不同的重复次数，通过提供高优先级数据的重复次数保障其高效传输。

信息安全，当前基于数据分流背景环境下，现有协议对覆盖增强等级的划分是粗粒度的，即等级之间的间隔很宽，部分设备将面临低传输速率或高误块率的问题。与此同时，上行的数据流中，部分数据在描述设备上下文，反馈环境状态中有着更重要的意义。本节工作关注于在利用数据重复发送实现更佳覆盖的过程中，降低数据的平均重传次数，从而提升数据的传输速率。

人为操作不当引发的安全隐患。对于上行链路而言，试图通过提升发射功率提升功率谱密度的方法受到物联网设备功率的限制，因此重复发送技术成为实现覆盖增强的突破口，即对同一个资源单元复制多份进行发送。通过提高控制消息和业务数据在空口信道上的发送次数，信号的覆盖能力和穿透能力得到了增强。即使在信道状态很差的小区边缘，通过提升重复发送的次数和使用单频传输，也不符合 NB-IoT Control Plane CIoT EPS 物联网模块低功耗、低成本的要求，而且 NB-IoT 的载波带宽也受到物理结构的限制。设备也能与基站正常通信。但是提升重复发送次数也会带来系统性能的降低，重复次数增加一倍，发送的数据量也增加一倍，导致数据传输速率降低、能耗增加、占用过多系统频谱资源等问题。

黑客攻击。黑客进行网络入侵会导致对应损耗值较小的设备过多的重传数据，降低总体的数据传输速率。而如果选择路径损耗较小的值对应的重复次数，路径损耗较大的设备传输过程中的误块率会很高。实际上，当同一个覆盖增强等级内不同物联网设备与基站距离相差比较大时，为了保证各个位置所有用户的正常通信，在 NB-IoT 现有的重复次数选择方法中，重复次数根据物联网设备所处的覆盖增强等级选择。在通过下行测量确定覆盖

增强等级之后，基站和用户终端会根据覆盖增强等级选择对应的信息重复发送次数。

感染网络病毒。互联网的自由开放除了 NB-IoT Control plane CIoT EPS 定义了三种不同的覆盖增强接入等级，分别对应 Control plane CIoT EPS 最大耦合损耗，然而根据 MCL 将覆盖范围划分成三个等级是粗粒度的，因为每个等级下对应着 Control plane CIoT EPS 的损耗区间。往往会选择一个较高的重复次数作为该覆盖增强等级的重复数。因此信道状态较好的物联网设备选择了一个高于其所需的重复次数。

网络管理不到位。由于覆盖增强等级划分粒度粗，NB-IoT Control plane CIoT EPS 传统重复次数选择方法不能兼顾不同物联网设备的数据传输速率和误块率。需要设计一种新的方案选择更合适的重复次数。与此同时，本章创新地考察数据的重要性对传输的收益，尝试利用链路配置的调整实现对传输收益的优化。

四、基于数据分流时代下计算机网络安全防范措施

防火墙和安全监测系统的应用。在基于数据分流时代，数据重复次数静态场景选择算法由两部分组成，分别是细粒度的重复次数选择算法和面向多优先级数据的重复次数优化算法。面向多优先级数据的重复次数优化算法设计部分针对优先级不同的数据设置不同的重复次数选择方案，提高优先极高的数据的重复次数，降低优先级低的数据的重复次数，期望在整体上通过调整重复次数的分配提高数据传输的平均收益。面向静态场景的 NB-IoT 数据重复发送机制的流程如下：首先对覆盖增强等级进行细粒度划分，所谓细粒度的重复次数选择算法即是针对 NB-IoT UE-MME-SGW/PGW 传统重复次数选择方法的弊端，将覆盖增强等级进行更细粒度的划分，从而使物联网设备选择更合适的数据重复发送次数。将细粒度划分的 MCL 区间与重复次数形成映射关系，得到基于经验的重复次数选择策略，即可以根据该策略选择重复发送次数。然后设计重复次数选择策略，其中，路径损耗是算法的输入，其值根据用户终端根据下行测量的信号强度值即 RSRP UE-M-ME-SGW/PGW 值决定，即如何根据链路状态选择合适的重复次数？设计了基于映射查询的重复次数选择。重复次数是输出，给出的是当前路径损耗状态下最合适的重复次数。可以为人们创造一个更加安全、健康的计算机网络环境。

加强对黑客入侵的防范。在基于数据分流背后 NB-IoT Control plane CIoT EPS 的覆盖目标是在 GSM 基础上覆盖增强 20dB，达到 164dB。而传统方法是根据最大耦合损耗分别为 144dB、154dB 和 164dB 进行划分覆盖增强等级的。在一次通信中，物联网设备选择的重复次数是根据所处的覆盖增强等级选择的。在 NB-IoT 传统方法中，覆盖增强等级分为三个等级，使得不同等级对应的重复次数相差比较大，当物联网设备处于某个覆盖增强等级内，该设备就会选择这个覆盖增强等级对应的重复次数，因此，覆盖增强等级是刻画链路状态的一个标准。

加强网络安全管理。基于数据分流不断发展的同时，依据标准定义的重复次数集合 {1，2，4，8，16，32，64，128}，当重复次数选择为 2 时，相比于重复次数为 1 的情形。同理，重复次数选择为 4 时，支持的最大耦合损耗为 150dB。以此类推，我们得到链路

支持的最大耦合损耗与重复次数的关系。由于上行链路支持的最大重复次数为 128，覆盖增益为 3dB，即在该情况下支持的最大耦合损耗为 147（144+3）dB。当最大耦合损耗为 164dB 时，重复次数选择为 128。根据上文的描述，将链路状态的细粒度划分 {144dB，147dB，150dB，154dB，156dB，158dB，161dB，164dB} 与重复次数集合 {1，2，4，8，16，32，64，128} 结合，构建映射关系，PSM（idle 的子状态）TAU（Tracking Area Update），SIB4-NB：Intra-frequency 的邻近 Cell 相关信息核心网网元 TAU（Tracking Area Update）eDRX（Extended DRX）DRX 调度资源单位为 RU（Resource Unit）（如 MME、SGW、PGW）NAS 信令传递数据（DoNAS）MIB-NB（Narrowband Master Information Block）承载 1024 个系统帧（up to 3h）子载波间隔（subcarrier spacing）UE—MME—SGW/PGW 对应于极远覆盖，重复次数分别是 16，32，64，128。其中，将重复次数 8 对应对的最大耦合损耗范围设为 150dB < MCL ≤ 154dB，而不是 150dB < MCL ≤ 153dB，目的是在原有的覆盖增强等级划分的基础上对最大耦合损耗进行细粒度划分。

杀毒软件的使用。在基于数据分流路径损耗的计算可以参考物联网设备确定覆盖增强等级的过程。NB-IoT 设备通过测量 NRS 来获取小区下行信号强度值，即 EMMCONNECTED 状态值。EMM-CONNECTED 状态计算过程和确定覆盖增强等级中描述的一致，设备通过测量多个 NRS，然后取平均值得到最终的 EMMCONNECTED 状态。再根据 EMM-CONNECTED 状态计算相应的路径损耗值（dB）。

强化信息存储和传输的安全保障。基于描述是针对所有数据的一种通用的选择 EMM-CONNECTED 状态的方法，可以保证处于相同信道状态的物联网设备发送数据时选择相同的 EMMCONNECTED 状态。而在实际应用中，数据的重要程度存在差异。例如，智能手环可以提供健康监测数据与日常记步数据，相比之下，健康监测数据的重要程度更高；视频编解码中的 I 帧是帧内压缩编码的重要帧，核心网网元 TAU（Tracking Area Update）IP 协议也对服务类型做了区分，用核心网网元 TAU（Tracking Area Update）IP 协议报文的优先级。对于这些重要程度不同的数据，在相同信道状态下，如果采用传统的重复次数选择算法，将得到相同的重复次数，传输过程中的数据传输成功率也是相同的，但是重要程度高的数据不能得到更高的传输质量保证。

综上所述，当前基于数据分流环境下计算机网络安全虽然依旧存在多种不同类型的安全隐患问题，但是，本节在上述纳总结出一系列的解决方案和措施。希望这些切实可行的建议可以被广大计算机使用者所熟知。净化网络环境，人人有责，我们坚决杜绝盗取网络数据信息、攻击其他用户计算机网络的恶劣行为。

第六节 计算机网络安全建设方案解析

现在最影响网络效率的因素就是计算机的网络安全，互联网的开放性也给网络安全带来了更高的要求。计算机网络安全通常是通过信息和控制安全来实现的，本节就计算机网络安全建设进行了解析，供相关读者参考。

网络环境的可变性和复杂性以及信息系统漏洞决定了计算机网络安全威胁的客观存在。由于中国对世界越来越开放，因此，需要建立防护墙，加强安全监督。近年来，随着网络安全事件的发生，人们越来越多地意识到信息化时代带来的信息安全问题涉及人们生活的各个方面。

一、计算机网络安全建设相关理论

计算机网络安全建设概括。计算机网络信息安全是指使用网络管理和控制技术来防止网络本身和在线传输。输入的信息是有意或意外未经授权的泄漏、更改、损坏或由非法系统识别和管理的信息。现在网络应用程序的普及率越来越高，网络安全就变得更加重要。要想保证网络的安全国家和企业都需要重视起来，给网络安全提出一些更高的要求。在实际建立的时候虽然国家和企业知道重视计算机网络安全，但是，在信息安全经济上还是有一定的限制，尽管国家和企业都在增加成本，但是还是不能解决现在存在和计算机网络安全建设有关的问题，并且由于安全隐患不断增加，给国家的经济和劳动力都带来了不小的损失，也减少了保护的程度。另外因为每个系统里面都有不一样的应用程序，所以，不能建立简单的网络安全方案来解决问题，也不能用这个简单的程序来解决问题。最后现在互联网信息安全的标准还没有公开，这也和行业之间的特点有密不可分的关系。

计算机网络安全机制。随着计算机网络技术的应用越来越广泛，其在企业中的作用越来越重要，也是最为明显的，因此，企业信息的安全性也备受关注。计算机网络安全保护可保护企业资源的安全，例如，计算机硬件、软件和数据，并确保这些资源不会因外部恶意入侵或物理原因而损坏、泄漏或更改，从而确保企业的可靠性网络资源和信息与数据的完整性。要确保公司的安全性和完整性，通常必须通过计算机网络安全机制来实现，其中包括访问机制，确认进入计算机网络系统的用户是授权用户未经授权的用户不能进入信息传输系统和处理系统，也不能修改信息；效益验证代码应在对方收到数据时验证数据，并验证数据是否已更改。

二、计算机网络安全风险分析及病毒防护

计算机网络安全风险。在建立网络信息系统和实施安全系统的时候一定要全面考虑以下内容：这些内容包括：网络安全、信息安全、设备安全、系统安全、数据库安全、网络

安全教育和网络安全检查，技术培训以及计算机病毒防护等，通过这些就可以实现网络系统安全的真正含义。没有常见的网络安全解决方案，尽管网络安全保护必须尽最大努力保护网络系统中的信息资产免受威胁，并考虑所有类型的威胁，但由于网络安全技术的当前总体开发水平和诸多因素，绝对安全保护是不可能实现的，因此应最大化地降低风险。

病毒防护。攻击者可能会窃取并篡改局域网中的内部攻击，这些攻击包括设备内网络数据传输线路之间的窃听威胁以及登录密码和某些敏感信息，从而泄露机密信息。

如果在整个过程中没有安全控制数据的软件，就会影响所有通信数据发送，在数据发送的过程中任何人都能获取通信的数据，攻击者在攻击的时候就会非常的方便。攻击者通过篡改机密的方式来破坏数据库的完整。所以，在数据输送的时候一定要做好加密处理，加密处理不仅能够保证网络数据传输的安全，还能增加数据传送的保密性，最终达到保护系统关键信息数据的传输安全的目的。在日常生活中常见的计算机防病毒软件包括金山毒霸、360 等。

动态口令身份认证系统及实现。在设计动态扣篮验证系统时，每个正确的动态口令只能使用一次，因此，在发送验证过程中，不必担心第三方窃听到。如果服务器验证了正确的密码，则数据库将具有相应的日志记录，如果使用正确的口令的用户发送验证，则无法通过验证。动态口令系统的此功能使拦截攻击变得不可能，动态口令使用带有加密位的数据处理器来防止读取图形算法程序，具有很高的抗身体能力。每个用户使用的密钥都是在使用之前随时生成的，这样能够更好地保护密钥的安全。如果在传输的过程中有人篡改数据中的信息，密钥就会马上消失。就算在攻击的时候解密了程序，攻击者也不能知道用户的密钥，数据的信息也不会被攻击者盗走。所以，要想保护数据信息就需要设计好动态口令系统，这样就可以保护数据的安全。要想真正实现动态口令和身份验证就需要先建立一个动态口令、控制台、服务器等。口令主要分为软件级别和硬件级别两种。因为令牌都是随机生成的，所以一般都需要用户随身携带，随身携带的令牌黑客很难得到，也不容易跟踪。在建立口令的时候需要根据不同安全级别的要求来给用户提供相应的访问权限设置，这样就可以增加用户验证的难度和密码，保证用户使用的安全。用户在使用的时候可以通过身份验证系统和应用程序来进行连接，用户使用起来也非常的方便，不会影响到用户正常的办公，于其他人来说，由于随机性，追踪信息是非常困难的。

三、计算机网络安全建设防火墙

防火墙概述。现在网络安全技术中最受欢迎的就是防火墙技术，防火墙技术的核心内容就是在不安全的网络环境里面建立相对安全的子网环境。防火墙在使用的时候能对两个网络之间进行连接和控制。防火墙主要就是保护网络和 Internet 之间传输信息的保护。防火墙是一个隔离控制技术，防火墙的使用能够保证网络和网络安全域的信息。防火墙在使用的时候需要根据企业的安全策略控制信息的流动进行设置，让其有强大的防攻击能力。在使用的时候还可以通过检查入口点的网络通信数据来设置相应的安全规则，尽可能地给网络数据通信提供更多的安全。

计算机网络安全建设防火墙部署。防火墙是建立在 Internet 和内部系统之间的一种隔离方案，防火墙也是目前为止最常见、最简单的一种部署方案。此外，系统还具有一个或两个防火墙层。防火墙位置设置在系统之间，这意味着一些系统的外部访问权限（当然，在互联网和内部系统之间设置防火墙，设置一个位置，设置一个防火墙）可以有效地提高安全系数，但缺点是在合法访问期间只有两个防火墙可以访问内部机密信息。

近年来，网络环境越来越复杂，越来越多的公司和部门使用互联网进行信息传递。在增加基本数量的过程中，有几个安全内核技术跟不上时代发展的例子，因为在实际工作中没有相应的认识，所以这些对象是网络攻击者经常使用的地方。

现在整个社会都在讨论和网络信息安全有关的话题，现在也已经得到了企业和政府部门的高度重视。计算机网络在使用的时候最需要注意的就是网络信息的安全，如果不能保证安全，不仅会影响到计算机里面的数据安全，还会引起整个社会的恐慌。所以，现在最主要的就是要保证国内的网络安全。保证计算机网络安全的路非常长，里面会涉及很多和信息安全有关的技术问题。目前，我国在信息安全产品研究上还有很长的路要走，还需要研究出更多先进的核心技术来支持计算机网络安全的建设。虽然现在已经有很多的外国软件公司已经有一定的控制权，但是，也没有研究出完全解决安全问题的软件和技术。所以，各国的领导人反复强调了精力充沛地开发的重要性对于信息网络安全行业。我国也在不断地进行研究，希望在未来的日子里面能够研究出更多更好的技术来建设计算机网络安全。

第七节　计算机网络安全防护体系的建设

随着社会经济的飞速发展和科学技术的不断进步，计算机网络已经成为人们日常生活中不可缺少的设备。但是，在计算机网络实际的发展过程中，由于其本身存在一定的不稳定因素，一定程度上影响着计算机网络的安全性。因此，本节针对如何有效加强计算机网络安全防护体系的建设进行详细的分析。

计算机网络的发展极大地促进了社会经济的飞速发展，使社会经济在发展的过程中越来越现代化、科学化，并且计算机网络的发展在一定程度上直接影响着国家和机体的利益。因此，在计算机网络发展的过程中，应该针对计算机网络存在的问题进行针对性的管理，并且根据计算机网络存在的一些漏洞有效加强计算机网络安全防护体系的建设，从而更好地促进计算机网络的安全性和稳定性。

一、计算机网络安全防护存在的问题

计算机网络在发展的过程中存在一系列不稳定的因素，一定程度上影响着计算机网络安全防护体系的建设。在实际的计算机网络应用中，一些"黑客"等等不法之徒利用计算机网络存在的一些漏洞，恶意窃取计算机网络系统中存在的数据和资源信息等等，甚至修改计算机网络系统中存在的重要数据，并进一步破坏计算机的相关硬件设备，严重危害了他人的权益。其次，计算机网络在发展的过程中，相关自然因素也会在一定程度上对计算机网络安全系统造成一定的破坏，并且相关电源故障等问题也会造成计算机网络出现安全了漏洞的问题，导致计算机网络安全防护中存在一系列的问题。再者，在进行计算机网络发展的过程中，计算机的相关设备如果出现功能问题等也会很容易出现计算机网络安全问题，进一步制约着计算机网络的安全发展。

计算机网络在发展的过程中，如果没有进行相关的安全措施和安全管理，以及没有建立健全相关安全管理制度的情况下，很容易使计算机网络运行处于混乱的状态。在计算机网络发展的过程中，如果没有进行严格的安全管理措施以及相关安全管理防范意识等，都会很容易使计算机网络安全防护受到威胁。且不同的网络连接处等骨干网络和内部网络如果没有进行相关安全防护体系的建设，会使计算机网络系统受一系列不安全因素的影响，导致计算机网络受到病毒的侵入概率增大。此外，内部网络客户端在应用的过程中受到病毒的侵袭，会导致计算机网络出现一系列的安全问题和安全漏洞，从而影响相关用户在使用过程中的稳定性和有效性。

二、加强计算机网络安全防护体系建设的途径

建立健全相关管理制度。第一，在计算机网络发展的过程中，应该进一步建立安全相关计算机网络安全管理的制度，保证能够更好地提高相关工作人员的技术水平，并能够对计算机网络中比较重要的信息和数据进行充分的备份。其次，随着计算机网络信息的应用逐渐增加，使计算机网络技术存在一定的问题。因此，在计算机网络发展的过程中，应该加强对计算机网络的管理，建立健全相关管理制度，保证能够在进行网络访问的过程中能够更加严格和规范。

第二，在加强计算机网络安全防护的过程中，相关管理工作人员应该进一步加强对数据的管理，并在管理的过程中对计算机网络进行规范化的管理，保证计算机网络安全防护体系的有效建设。再者，对于计算机网络系统来讲，数据信息的及时备份和数据信息的恢复尤为重要，所以，在对计算机网络安全防护体系进行管理的过程中，应进一步加强数据信息的备份和恢复，保证能够最大程度上减少安全漏洞和安全问题的发生。

第三，在加强计算机网络安全防护体系建设的过程中，可以利用相关密码技术进一步加强信息安全，并有效的保证数据信息的完整性，从而更好地促进计算机网络安全防护体系的建设。

加强网络安全体系的建设。要有效加强计算机网络信息安全系统的建立，就应对计算机网络信息进行针对性的层次划分，保证能够有效地建立健全相关安全体系，从而更好地提高计算机网络的安全防护体系。且在建立健全网络安全体系的过程中，应该针对计算机网络信息进行层次性的保护，并且在相关保护措施制定之后进行整体性的信息评估，保证能够根据计算机网络信息的实际情况进行针对性的安全防护体系建立。其次，在建立网络安全防护体系的过程中，应该对相关信息资产等进行分层次的保护，根据不同的信息资产

制定不同层次的保护方案，根据实际情况进行科学有效的调整。在建立网络安全体系的过程中，应该保证网络安全防护体系的整体性。此外，在加强计算机网络安全防护体系建设的过程中，应针对相关计算机网络选择有效的安全产品及安全技术，保证相关产品和相关技术具有一定的先进性。最后，在加强网络安全体系建设的过程中，应有效地促进计算机网络形成一个动态的防护体系，并对网络的系那个管安全产品进行有效的管理，从而有效保证计算机网络的整体性。

提高网络病毒预防意识。对于计算机网络信息安全系统来讲，网络病毒对计算机网络的安全性具有严重的危害，并且能够对计算机网络信息安全系统造成极大的破坏，所以，在加强计算机网络安全防护体系建设的过程中，应该不断增强防病毒技术的应用，从而有效保证计算机网络的安全性。在建立计算机网络安全防护体系的过程中，相关部门应该加强病毒防火墙的装置，有效提高预防网络病毒的意识，并且进一步提高对相关文件和软件的过滤筛选，保证能够尽量避免病毒文件以及相关病毒软件的入侵网络系统。此外，相关部门在设置防火墙的过程中，应该保证能够对相关文件和软件进行检测，如果发现存在病毒的软件和文件能够进行及时的处理，并采取相应的措施，从而更好地提高计算机网络信息的安全性。再者，在加强计算机网络信息安全防护体系建设的过程中，应该利用防火墙技术有效确保网络在运行的过程中处于正常的状态，并且能够在用户进行网络访问和信息传输的过程中，能够利用防火墙技术进行科学有效的检测，从而有效保证计算机网络信息的安全性。

加强计算机网络信息的保护。在加强计算机网络信息安全防护体系建设的过程中，应该充分利用相关信息加密技术以及相关网络保护策略等，从而保证能够对网络进行针对性的检测，有效形成安全防护和监控，并且能够根据计算机网络信息建立相关应急方案，从而有效提高计算机网络安全防护体系的建设。其次，加强信息加密技术能够更好地防止一些人对网络信息的恶意截取，有效地防治网络信息的安全性，并进一步促进计算机网络信息安全防护体系的建设。最后，相关工作人员应该进一步加强对计算机网络信息的管理，保证能够有效促进计算机网络信息安全防护体系的建设，进一步提高计算机网络信息的安全性。

综上所述，在实际的计算机网络应用中，一些"黑客"等等不法之徒利用计算机网络存在的一些漏洞，恶意窃取计算机网络系统中存在的数据和资源信息等等。其次，相关自然因素也会在一定程度上对计算机网络安全系统造成一定的破坏，并且相关电源故障等等问题也会造成计算机网络出现安全了漏洞的问题。因此，在计算机网络发展的过程中，应该进一步建立安全相关计算机网络安全管理的制度，且应该针对计算机网络信息进行针对性的层次划分，保证能够有效建立健全相关安全体系。此外，应该利用防火墙技术有效确保网络在运行的过程中处于正常的状态，并充分利用相关信息加密技术以及相关网络保护策略等，有效地保证能够对网络进行针对性地检测，从而进一步促进计算机网络信息安全防护体系的有效建立。

第八节　计算机网络安全的漏洞及防范措施

现在计算机网络越来越普及，使用越来越广泛，人们生活中各个领域几乎都在使用着计算机。虽然计算机网络能给人们的生活提供很多的便利，但它同时也存在一些安全漏洞，这些安全漏洞一旦被黑客攻击，就会给网络使用者造成损失。本节阐述计算机网络中存在的安全漏洞及其预防措施，提出合理性的建议。

社会各行业的发展以及经济水平的提高都离不开相关技术的开发与应用，而21世纪以来，计算机网络技术为许多行业的发展开辟了新的道路。计算机技术自身的高速运算能力代替了传统的人工运算方式，不但在工作和应用的过程中提高了工作效率和计算准确率，同时还解放了大量的生产劳动力，为现代社会的快速发展起到了重要的作用。但是，伴随着社会发展速度的提高，计算机技术所带来的安全漏洞问题也逐渐显现出来，很多有关计算机安全漏洞案例的报道表明，计算机网络的不安全往往会给人们带来了极大的财产和物质损失，甚至会损坏人们的身体健康，更严重者会危害生命安全。因此，通过加强计算机网络安全防范措施，及时地填补计算机网络中所体现出的漏洞问题和扫除不安全因素、保障网络用户使用安全势在必行。

一、计算机网络安全的现状

《金融时报》报道世界平均每10分钟发生一次入侵互联国际计算机网络安全事件，其中三分之一的入侵对防火墙是突破性的。与此同时，现在有很大一部分中国网民虽然会上网，但是，安全上网和安全操作的意识还很薄弱，他们的不安全操作导致系统和应用十分的脆弱，特别容易受到伤害，从而导致黑客们优先选择这些系统进行攻击，所以，保护国际网络安全刻不容缓。依据现在最新的报告来看，在最近半年以来，超过1.1亿网络用户的账号和密码被盗取，而现在只有少部分的网上交易是安全的，没有受到威胁。目前，计算机网络发展遇到的最大的障碍之一就是网上安全问题。因此，网络安全面临前所未有的挑战与威胁，而对网络安全的认识仅仅停留在如何预防病毒层面上是不足以排除网络安全威胁的，更需要网络用户明晰网络安全常见漏洞，掌握必备的防范措施，才能以不变应万变，及时有效地规避可能受到的网络威胁。

二、计算机网络的安全漏洞类型

要有效解决计算机网络安全漏洞问题，那么就需要通过对安全问题产生的根本原因进行分析和纠察，同时，结合现代化先进技术尽可能地消除会对一些网络使用安全产生干扰和影响的因素，这样才能够营造出更加安全可靠的计算机设备与网络系统使用环境。目前，在生活中常见的几种计算机网络安全漏洞，主要包括木马和病毒的网络威胁、不法分子和黑客造成的非法入侵，以及严重的非法网络攻击问题等几个方面。

木马程序给计算机网络安全造成的威胁。木马程序给计算机网络系统造成的极大破坏使得很多企业网络安全管理和研究人员倍感头疼，这其中的主要原因在于木马程序可以通过人为的编辑方式使其自身特性和功能发生改变，从而可以更加快速高效地入侵到制定目标计算机系统中。此外，这种木马程序的植入不但会扰乱计算机系统的有序运行，影响到该系统的正常使用和相关功能的稳定发挥。同时，在一些不法分子的刻意操控之下，一些木马程序在入侵计算机网络的同时，还会盗取网络用户本地储存的一些隐私信息，甚至能够控制计算机网络系统自动的上传和篡改一些重要的程序和数据。由此可见，木马程序具有极强的破坏性，同时它还发挥出了对计算机网络安全漏洞所产生的引导效果，这使得技术人员和系统维修人员通过一定手段清除了原始木马程序，但是，经过木马程序的破坏之后所产生的安全漏洞，仍然需要大量的后期工作进行填补和维护，这无形之中便给相关工作人员带来了其他的工作困难。

计算机病毒侵入网络系统所造成的安全漏洞。一提起病毒人们大多想到的是存在于人体内的一种有害物质，对人们的身体健康和精神状态都会造成极大破坏的事物，而在计算机行业中"病毒"所造成的破坏效果却要远远比在人体中造成的效果更加恐怖。一般情况下，计算机病毒指的是能够干扰计算机系统运行稳定，降低其安全防护系数同时破坏计算机设备网络系统固有的防火墙，进而盗取网络用户个人信息和瘫痪网络设备的系统代码。但是，不要小看了这一串代码所造成的巨大破坏力，人们之所以用"病毒"这一名词来形容这种网络安全漏洞类型，其中主要的原因在于这种代码在造成直接破坏的同时还表现出了很强的传染效果和隐蔽性，系统维修和安全防护人员不但不能够将这种病毒从计算机网络系统中剔除出来，甚至还会由于一些细微的操作不当而扩大病毒的扩散范围，因此，一不小心就会造成严重的计算机网络安全事故。

非法网络攻击给计算机网络系统安全性造成了冲击。非法访问是目前对网络用户的虚拟财产和私密信息造成破坏最多、后果最严重的一种安全漏洞类型，不同于计算机病毒和木马程序给网络系统造成破坏的方式，非法访问主要是通过篡改计算机本地存储设置和储存权限，限制计算机系统服务功能的使用。在这种情况下，非法网络攻击便能够对用户储存的重要信息进行读取和传输。因此，这种网络安全漏洞问题更多地发生在国家机密防护和商业贸易战中，主要用于盗取关键用户的重要信息，同时使该用户丧失一定的服务功能使用权限。

三、计算机网络存在的安全隐患

计算机病毒感染。计算机病毒在计算机网络运行过程中的感染，网络安全最常见的问题是计算机病毒的感染，计算机病毒的破坏性越大，如果计算机病毒侵入系统电脑，它会导致电脑中毒。另外，计算机病毒具有较强的传染性，病毒通过一定的传播途径可以直接进入其他正常运行的计算机中，使得计算机出现中毒的情况，严重时会损坏计算机内部存储的信息，直接造成计算机停止工作。U 盘等移动存储设备的也是计算机病毒的传播载体，病毒附着在 U 盘等移动存储设备上，通过连接计算机传输文件导致计算机中毒，使得计算机内部存储各种信息的无法正常使用，甚至会造成相关信息的消失不见。计算机一旦感染上病毒，便会无法正常运行工作，为计算机带来很大的安全隐患。

恶意攻击。恶意攻击被分为主动和被动攻击，其中的主动攻击主要是以破坏对方网络信息为主要目标，通常所使用的方法都是修改、删除、欺骗等等方法，通过这些方法获得成功，然后，进入到对方的网络，进而导致网络出现瘫痪现象。主动攻击所造成的损失较大，可能发生数据丢失、替换等，这些损失可能无法用金钱来衡量。被动攻击主要是以获得对方目标信息为目的，主要是在对方不知情的情况下，来获得相应的信息，比如，工程计划、个人资料等，但是，在这过程中并没有破坏对方的系统，而是通过漏洞来获得信息。不管是以上两种中的任何一种都会对计算机网络造成非常大的影响，直接导致一些数据文件损失，造成不可挽回的地步。所以，就需要在这过程中对其问题采取必要的措施来进行防范。

操作系统的问题。因为当前市场的竞争激烈，导致一些用户购买到廉价电脑操作系统，并在安装过程中，没有严格地按照相关规定进行安装，进而在运行过程中就会出现较多的问题。每一台电脑只有在通过安全监测后才能够进行使用，但一些电脑自身并不具备安全防范性能，只能够属于普通用户，进而容易出现安全问题。

软件漏洞。软件漏洞出现的原因分为两种，分别是有意和无意。其中有意就是在设计过程中，就会为以后的盗取信息而留下漏洞，对于自己所设计的软件故意存在漏洞，以便于在后续发展过程中获得某种利益。而无意漏洞是设计人员在设计过程中，因为疏漏而存在的漏洞，但是，设计人员并不知情，可能会导致某些不法分子进行使用，进而造成安全问题，这些漏洞都会给网络带来一定的安全隐患。

四、计算机网络安全原则

网络信息安全的木桶原则。为了确保信息的平衡，有关部门目前正在全面保护电子信息的所有方面，从而制定了关于互联网信息安全的原则。木桶原则并不排除该系统的安全漏洞和安全威胁的每一个方面。在预防方面，还确保每个系统中最薄弱的环节都被发现，在设计信息安全系统之前，不能遗漏该系统的任何部分进行评估和测试。消除系统渗透中最常见的攻击手段的司法安全是安全机制和设计安保服务的主要动力，但从另一个角度来看，通过增加"安全点"因素，可确保整个系统的安全运作。

网络信息安全的整体性原则。安全系统的目的是确保互联网上的信息安全，与系统的预防、发现和恢复密不可分。关于风险防范机制，其主要目标是采取一些预防措施，防止今后发生危险行为。关于安全检查机制，特别是关于系统中已经存在的危险行为的机制，通过进行检查，确保系统正常运作，并及时发现对系统的攻击。关于恢复安全机制的作用，从定义上讲，这些机制的目的是拯救已经发生的攻击所造成的损害，及时处理紧急情况，及时恢复有关损失和损害的信息，以防止损害的进一步扩大。

安全性评价与平衡原则。设计安全系统的过程不是随机的，必须要权衡各种需求、风险和成本的重要性，并在保证安全的情况下确保该系统的可用性和可操作性。评价标准和衡量指标并不能完全了解信息安全，因为系统安全与用户的需要密切相关，与具体的应用环境、系统的规模和范围、系统的性质和信息的重要性密切相关，而且安全不是单方面确定的。

标准化与一致性原则。安全系统之间的复杂关系，如大型工程系统的运行过程，因此，设计过程需要一系列的标准来保证系统的安全性和合理性，但这些子系统可以保持关系的一致性，保证系统的安全性。

技术与管理相结合原则。应将各种安全技术和相辅相成的执行管理机制结合起来，同时，开展工作人员的教育、智力和技术教育，以有效实施安全条例。

统筹规划分步实施原则。各类数据平台要在"大平台"的基础上，按照整体规划和技术规范，结合自身业务特性，不断构建各类"小应用"，提高管理和服务效率。

动态发展原则。安全措施的目的是维护网络安全，随着网络空间环境的变化和网络安全需求的变化，新的安全战略必须适应新的电子环境，因此，安全措施不是静态的，而是可变的。

易操作性原则。关于第一个方面，任何安全措施都取决于人的行动。因此，为了加强安全，采取措施必须简单。第二个方面是实施不干扰系统运作的措施。

五、网络安全防范措施

文明上网。提高安全性和预防意识始于小事，从小处着手，每个人都要从自己开始，自觉遵守规定不损害他人、社会和公众的利益，有效地避免威胁的发生。因此，人们要有意识地加强安全意识，积极学习相关规章制度，参与相关的教育培训，通过各种渠道提高安全意识和文明。

改善技术发展水平，使网络犯罪分子没有机会。建议政府加强学习和教育，继续坚持振兴中国与人力资源开发的战略，依靠借助科教实力培养计算机人才。同时，利用全社会的智慧和力量动员和激励全社会网络安全软件设计活动。对于网络安全设计，特别是计算机防火墙的安全性能，各方面加强科学研究、加大投资规模，以进一步提高计算机的安全性能，降低各种有害因素和安全事故发生的概率，以避免数据泄露，确保使用者的安全联机。

国家和政府应加大网络的处罚，完善有关法律法规。一旦有参与威胁网络安全的情况出现，应该有一个及时、有效的报告和严厉的制裁，使不法犯罪分子付出高昂的经济成本，使从中谋取利益的人停下脚步。与此同时，必须把那些危害网络安全的行为和不法分子公之于众，引起舆论的压力使他们为自己的行为感到不耻。反过来，它也起到了教育警告的作用，在中国的相关媒体也应该增加自己的曝光率。一旦发生这样的行为，将立即暴露。让公众了解设计网络安全犯罪分子是如何进行操作，有针对性地采取预防措施，避免出现同样的错误，这样有助于从根源上解决问题。

进一步加强网络安全。必须加强全社会的网络安全教育，培养公民的社会道德意识，让越来越多的人尝试作为一个传播者和实践者保护网络的安全性，并最终形成一个良好的网络安全环境。自觉遵守安全法规，努力为全社会建设安全网络、文明上网。要想更好地保护公民的合法权益，就得从现在开始全方位地提高网络安全的可能性，让网络有利于充实人们生活和为人们提供便利，从而让人民群众能够享受到网络带来的好处。

　　总之，随着互联网的发展，在网络安全问题日趋关注的今天，人们不仅需要从技术上确保网络安全，更需要从社会角度建立网络安全制度。

第六章 网络安全数据态势分析研究

第一节 网络态势感知

网络态势感知（Cyberspace Situational Awareness，CSA）的概念在 1999 年首次提出。网络态势是指由各种网络设备运行状况、网络行为以及用户行为等因素所构成的整个网络的当前状态和变化趋势。态势强调环境、动态性以及实体间的关系，是一种状态、一种趋势、一个整体和宏观的概念，任何单一的情况或状态都不能称其为态势。网络态势感知是指在大规模网络环境中，对能够引起网络态势发生变化的要素进行获取、理解、评估、显示以及对未来发展趋势的预测。态势感知能力是网络化信息服务能力的重要组成部分。

网络态势感知的目标是将态势感知的成熟理论和技术应用于网络管理。在急剧动态变化的复杂环境中，高效组织各种信息，将已有的表示网络局部特征的指标综合化，使其能够表示网络的宏观、整体状态，加强管理员对网络的理解能力，为高层指挥人员提供决策支持。随着信息化技术的深入发展，网络空间产生的数据数量级迅速加大、数据类型更为复杂、数据的来源愈加多样、病毒和攻击事件更加隐蔽，急需研究大数据环境下的网络态势感知技术。

一、网络态势感知研究框架

网络态势感知作为数据融合的一部分，向下从 Level 1 融合获取各类感知数据，向上为 Level 3 融合提供态势信息，用于威胁分析和决策支持。

网络态势感知包括态势元素提取、当前态势分析和未来态势预测几个部分，主要涵盖以下几个方面：

（1）在一定的网络环境下，利用数据挖掘和数据融合技术提取进行态势评估要考虑的各要素，为态势推理做准备。

（2）通过特征分析、态势因子的提取等技术确定事件发生的深层次原因，确立态势评价指标，给出对所监控网络当前态势的综合评价。

（3）已知 T 时刻发生的事件，运用预测技术确定 T+1，T+2，…，T+n 时刻可能发生的事件，进而确定网络态势的发展趋势。

（4）形成态势图，以不同图标表示不同网络状态，运用可视化技术使管理员能直观地了解网络安全状况。态势感知的结果是形成态势分析报告和网络综合态势图，为网络管理员提供辅助决策信息。

二、网络态势感知模型

多年过去，研究者提出了几十种数据融合模型，被引用最多是美国国防部的实验室联合会（Joint Directors of Laboratories，JDL）模型。JDL 模型是由美国国防部提出的信息融合模型，在军事领域被广泛使用，信息融合模型主要包括信息的采集、信息的处理和精炼、态势评估、威胁评估、过程精炼、数据的存储和管理、以及人机接口。

JDL 模型将数据融合过程分为：信息预处理、对象精炼、态势评估、威胁评估和过程精炼 5 个层次。信息预处理执行数据预筛选的最初过程，分配数据到适合的层次。对象精炼通过结合位置、参数和身份信息实现精确的个体对象的表达。态势评估确定态势中的对象与事件之间的关联。威胁评估是根据目前的状况预测未来。过程精炼被看作一个元过程，关注其他过程的进行。

2000 年，Tim Bass 提出了应用数据融合技术建立网络态势感知系统的框架，指出"下一代的网络管理和入侵检测系统将在统一的模型下交互，把数据融合成信息和知识，这样网络操作员就能够对自身网络的系统健康和实时安全状况做出有根据的决策"。BASS 模型整体共分 5 层，分别为数据精炼、攻击对象识别、态势评估、威胁评估和资源管理，整体思路体现了由数据到信息，最后到知识的处理过程。受 BASS 模型的启发，网络态势感知的研究领域出现了诸多基于多源异构信息的模型。

三、基于大数据的网络态势感知体系架构设想

为了保障网络信息体系的安全运行，开展大规模网络态势感知技术研究十分必要，网络态势感知技术作为一项新技术，有很大的发展空间。能对大规模网络进行实时或者近实时的态势感知，快速准确地判断出网络安全状态，实现实时的态势可视化显示，利用网络安全事件的历史记录，为用户提供一个比较准确的网络安全演变趋势。

大规模网络条件下态势感知涉及的信息，不仅来源丰富、信息量巨大、信息种类多、结构复杂，信息的元结构和多维特性更加突出，而且更新动态性、处理实时性要求十分强烈，态势感知信息已经具备了大数据典型的"4V"特征。大数据自身拥有的 Variety 支持多类型数据格式、Volume 大数据量存储、Velocity 快速处理、Value 价值密度低的 4 大特征，符合网络态势感知对于海量数据处理的实时性、准确性、高效率的要求。利用大数据所提供的基础平台和海量数据处理技术进行网络安全态势的分析处理势在必行。

把大数据技术应用到态势感知领域，解决态势感知在大数据时代可能面临的诸多问题，是值得深入研究的技术方向。当前，传感器网络的快速发展带来了强大的数据获取优势，获取原始数据已不是难题，但是，对数据的处理能力却极大制约着有效、有用信息的快速提取；"数据总量大，价值密度低"问题十分突出，数据处理现状难以应对大数据时代诸如"垃圾数据多""数据污染严重"和"数据利用难"等困境。

针对大规模网络空间中数据的海量、多模式、多粒度的特点，满足并行性、实时性数据处理的要求，将大数据技术引进网络态势感知领域，并融合网络安全态势经典模型和演进模型，提出基于大数据的网络态势感知体系架构，包括数据采集、数据预处理、态势理解、态势评估、态势预测和态势展示6层。

（一）数据采集

态势感知系统的输入来自不同数据源。系统通过多类传感器和探测设备观测网络系统的运行状况，采集网络系统的各种信息。网络态势的评估和预测需要结合网络特征，进行从物理层、链路层直到行为层的多层次全方位的信息探测与获取。基于网络特征的层次化信息探测技术，是获取网络态势感知大数据的重要技术途径，没有这些大数据的支撑，网络态势感知的结果必定是不全面和不准确的。

大规模网络中的安全工具复杂多样，既有部署的网络安全探针，又有运营商、网络安全监管部门等的上报数据。因此，数据具备不同的模式和粒度，同时数量巨大。这些特征要求大数据计算系统具备高性能、实时性、分布式、易用性、可扩展性等特征。系统无法确定数据的到来时刻和到来顺序，也无法将全部数据存储起来，并且对数据实时性要求高。因此，不再进行流式数据的存储，而是当流动的数据到来后在内存中直接进行数据的实时计算，将大数据技术的流式计算技术应用到数据采集处理过程。

（二）数据预处理

由于网络态势感知的数据来自众多的网络设备，其数据格式、数据内容、数据质量千差万别，存储形式各异，表达的语义也不尽相同。如果能够将这些使用不同途径、来源于不同网络位置、具有不同格式的数据进行预处理，并在此基础上，进行归一化融合操作，就可以为网络安全态势感知提供更为全面、精准的数据源，从而得到更为准确的网络安全态势。数据预处理包括数据清洗、数据转换和数据归并。数据预处理应用大数据所提供的Hadoop基础平台和MapReduce分布式并行计算技术。

（三）态势理解

态势理解对获取的数据进行分析处理和筛选，为后续态势评估和预测提供准确、有效的数据源。态势理解通常采用关联规则分析方法，为了从海量的告警数据中提取出真正的风险事件，需要将来自不同数据源的各类网络安全事件进行关联分析。关联分析是指对不同地点、不同时间、不同层次的网络安全事件进行综合分析，从而挖掘出在时间和空间上分散的协同多步攻击，识别真正的网络风险，降低误报和重复报警率。关联规则分析融合原始数据，去除重复、错误项，修改不一致项、统一数据格式，提供规范化的数据供态势评估模块使用，研究基于关联规则的智能态势理解技术是态势感知的重要基础。

（四）态势评估

网络安全态势评估是将采集到的大量网络安全事件进行分析处理，通过相应的模型和算法计算出一组或几组有意义的数值，并据此研究网络的安全态势。

因此，进行态势评估首先要建立一套态势感知量化评估指标体系，以指标体系作为量化评估的基准。指标体系的建立，为数据融合、归一化等数据处理工作提供参考标准，同时为网络态势评估、趋势预测、态势可视化提供了比较丰富的经过组织整理的有序的信息来源。

网络态势评估的目的是为提高整个网络和系统的安全性，其着眼点在于整体的状况，与网络结构和网络业务紧密相关。D-S 证据组合方法和模糊逻辑结合是目前研究热点，首先模糊量化多源多属性信息的不确定性，然后利用规则进行逻辑推理，实现网络安全态势的评估，其中涉及很多算法，要处理非线性问题，使结果全面、准确，还要避免纬度灾难。未来的研究方向主要是解决基于大数据的高维非线性网络安全态势评估技术。

（五）态势预测

网络安全态势预测就是根据网络运行状况发展变化的实际数据和历史资料，运用科学的理论、方法和各种经验、判断、知识去推测、估计、分析其在未来一定时期内可能的变化情况，是网络态势感知的一个重要组成部分。

由于网络攻击的随机性和不确定性，使得以此为基础的安全态势变化是一个复杂的非线性过程，限制了传统预测模型的使用。而大数据技术具有自学习、自适应性、非线性处理的优点，因此，大数据技术在网络态势预测方面应用十分广泛。基于人工神经网络的安全态势预测技术采用人工智能的方法，该方法具有全局优化、收敛速度快，自学习、自适应、自组织和免疫记忆，未来研究的重点是如何避免维度灾难、降低计算复杂度以及降低空间和时间的预测代价。

（六）态势展示

态势展示利用计算机图形学和图像处理技术，通过将大量的、抽象的数据以图形的方式表现，实现并行的图形信息搜索，提高可视化系统信息处理的速度和效率。它涉及计算机图形学、图像处理、计算机视觉、计算机辅助设计等多个领域。目前，已有很多研究将可视化技术和可视化工具应用于态势感知领域，在网络态势感知的每一个阶段都充分利用可视化方法，将网络安全态势合并为连贯的网络安全态势图，快速发现网络安全威胁，直观把握网络安全状况。

四、关键技术研究与初步解决方案

（一）网络态势感知量化评估指标体系

根据网络系统组织结构，网络的安全状态应该分层描述，而且是自下而上、先局部后整体。参考已有的网络安全风险评估的一些成果，拟采用自下而上、先局部后整体的评估策略，以攻击报警、扫描结果和网络流量等信息为原始数据，发现各个主机系统所提供服务存在的漏洞情况，进而评估各项服务的安全状况。在此基础上，综合评估网络系统中各关键设备的安全状况，最后根据网络系统结构，评估多个局部范围网络的安全态势，然后再综合分析和统计整个宏观网络的安全态势。因此，网络安全态势指标的选取需综合考虑不同层次（宏观网络、局部网络、主机、服务、攻击/漏洞），不同信息来源（流量、报警、日志、静态配置）和不同需求（普通用户、管理者、维护者）。

网络安全状态是由多因素决定的，以上三方面为网络安全态势感知的指标体系建立提供了来源参考。根据指标体系的构建原则：相似相近原则、分层原则、动静结合原则，提炼出 4 个表征宏观网络性质的二级综合性指标：脆弱性、容灾性、威胁性和稳定性。

（二）基于网络特征的层次化信息探测技术

态势感知需要根据网络特征进行多层次（通常包括物理层、链路层、网络传输层、信息层和行为层）信息的探测与融合、生成综合态势、引导网络攻防、评估网络效能、反馈业务质量。

物理层：提供信息传输的基础连接，实现波形信号或比特流收发，信号电磁频谱截获与时域、频域、空域分析，信息比特流截获。链路层：以数据帧为单位，实现具备链路资源分配与差错控制能力的信息传输，节点连接关系配对、链路复用体制识别、链路报文截获与解释。网络传输层：以报文为单位，实现网络接入、管理及维持功能，同时提供路由服务功能，实现多节点间信息传输管理，以及拓扑结构探测、网络协议识别、网络传输报文的截获与解译。信息层：实现传输信息的信源编码、解码及收发信息的加解密处理，以及信息加密方式识别及解密、网络传输信息内容挖掘与解译。行为层：实现系统信息的使用以及信息系统的管理，以及目标行为识别与预测、基于网络态势变化的攻防有效性分析等。

（三）基于关联规则的智能态势理解技术

通过关联规则分析实现智能化的态势理解。关联规则挖掘过程主要包含 2 个阶段：第 1 阶段必须先从资料集合中找出所有的高频项目组，第 2 阶段再由这些高频项目组中产生关联规则。需要选取合适的算法，来从大量数据中提取出高频项目组并产生关联规则。

事件关联规则就是对采集到的大量数据进行分析，从各种不同类型的数据中找出它们的联系，从而还原一个攻击行为。事件关联规则技术通过对收集到的大量的安全事件进行处理，减少了事件的数量，并提高了事件的准确性。

关联分析主要完成 2 个过程：①解析树型关联规则并存储到内存中；②根据解析的规则与事件进行层次化规则匹配，如果多条报警满足了某条规则场景中的所有层次，在界面上可以调用该表的数据用于显示场景分析，为用户提供场景描述。

（四）基于大数据的高维非线性网络态势评估技术

数据融合技术是一个多级、多层面的数据处理过程，主要完成对来自网络中具有相似或不同特征模式的多源信息进行互补集成，完成对数据的自动监测、关联、相关、估计及组合等处理，从而获取宏观的网络安全态势。

网络安全态势评估摒弃了研究单一的安全事件，而是从宏观角度去考虑网络整体的安全状态，以期获得网络安全的综合评估，达到辅助决策的目的。目前，应用于网络安全态势评估的数据融合算法，大致分为以下几类：基于数学模型的融合算法、基于逻辑关系的融合算法、基于知识推理的融合算法和基于模式识别的融合算法。

网络安全态势评估未来的研究方向主要是解决基于大数据的高维非线性网络安全态势评估技术。研究思路如下：

1. 利用改进的 D-S 理论融合多个安全设备的日志，得到攻击发生支持概率。

2. 将攻击发生支持概率、攻击成功支持概率和攻击威胁进行融合，计算主机节点安全态势。

3. 将各主机节点的安全态势及其权重进行融合，得到网络的安全态势指标。

4. 将 D-S 理论与模糊集相结合的方法，能够处理非线性问题，使结果全面、准确，还能避免纬度灾难。

目前，D-S 理论与模糊集相结合的应用研究较少，下一步研究重点放在如何将 2 种算法更好地融合并应用于网络安全态势评估中。

（五）基于人工神经网络的安全态势预测技术

网络安全态势指标具有非线性时间序列的特点，基于 RBF 神经网络借助神经网络处理混沌、非线性数据的优势可以进行态势预测。该方法通过训练 RBF 神经网络找出态势值的前 N 个数据和随后 M 个数据的非线性映射关系，进而利用该关系进行态势值预测。利用该方法对获得的数据进行预测仿真，并对其预测的网络安全态势结果进行预测误差分析和针对性的网络安全态势分析。

基于人工神经网络的安全态势预测方法，全局优化、收敛速度快，自学习、自适应、自组织和免疫记忆，是未来研究的重点，避免维度灾难、降低计算复杂度、降低空间和时间的预测代价。

神经网络算法具有非线性、分布式、并行计算、自适应和自组织的优点，但目前使用各种核函数的神经网络存在 2 个问题。一是算法还存在经常停止于局部最优解，而不是全局最优解。二是算法的培训时间过长时，会出现过度拟合，把噪音当作有效信号。下一步的研究重点是解决这 2 个问题。

将大数据技术应用到态势感知领域，解决态势感知在大数据时代可能面临的诸多问题，是值得深入研究的课题。网络态势感知技术能够综合网络、安全和应用系统等各方面因素，从整体上动态反映网络的安全状况和运行状况，并对其发展趋势进行关联分析和评估预测。大数据技术特有的海量存储、并行计算、高效查询等特点，为大规模网络安全态势感知技术的突破创造了机遇。通过研究大数据条件下的网络态势感知需求和技术框架，提出一种基于大数据的层次化网络态势感知体系架构，对态势感知各个层次和大数据技术的结合点进行了研究，并提出了网络态势感知量化评估指标体系、基于网络特征的层次化信息探测等关键技术的初步方案和研究方向。对于大数据在网络态势感知领域的应用研究具有重要探索价值。

第二节 态势预测技术

多媒体技术、智能存储技术、光纤通信技术、4G 移动通信网络的快速发展，自动化办公系统已经在各个领域得到了广泛普及和应用，取得了显著的成效，积累了海量的数据，促进人们逐渐买入大数据时代。互联网作为承载数据应用的关键通道，网络通信节点数以亿计，并且每年都呈现数千万增加的速度，因此，网络通信接入系统和设备具备复杂多样性、网络规模和结构也更加复杂，如果一台或多台设备感染木马、病毒等潜在威胁，将会在很短的时间扩散到其他终端或服务器，感染数据信息，导致网络面临瘫痪状态。因此，为了能够提高网络安全防御能力，可以采用网络安全态势预测技术，根据历史或当前网络流量预测网络安全发展态势，能够进一步提高网络安全防御能力。

一、大数据时代网络安全态势预测作用

大数据时代互联网具有重要的作用，其能够通过各类光纤、无线网络接入各类型的终端、服务器设备，并且为信息化系统应用提供数据传输、共享的作用，但是经过多年的发展，网络面临的黑客攻击强度和手段越来越强，导致网络面临着严重的病毒和木马威胁。网络威胁是动态的和具有不固定性的，因此，网络安全防御需要采用动态预测措施，以便能够根据当前网络走势判断未来网络安全情况。网络安全态势预测是指可以通过观测数据的统计分析结果，预测网络安全态势未来的走势，为用户提供安全反馈结果，以便网络管理员做出正确的决策。目前，网络安全态势预测处于安全防御系统的最高层，其采用先进的预测分析技术，能够长期的统计网络中不确定信息，为态势发展提供科学规律，建立态势预测的长效机制，并且可以构建完善的网络安全态势预测趋势图，进一步提高安全态势预测的可用性。

二、大数据时代网络安全态势预测模型

目前，网络安全态势预测技术已经得到了广泛的研究，已经诞生了许多的态势预测技术，关键技术包括自回归移动平均模型、灰色预测模型和神经网络预测模型。

（一）自回归移动平均模型

自回归移动平均模型是一种非常常用的随机序列模型，自回归移动平均模型的建模过程分为序列检验、序列处理、模型识别、参数估计和模型检验等五个关键的步骤，其主要目的是为了能够识别序列中蕴含的自相关性或依赖关系，使用数学模型能够详细地刻画序列发展的延续性。自回归移动平均模型执行过程中，序列检验主要用来检测数据的随机性和平稳性；序列处理可以将序列进行平稳化处理，通常采用的方法包括周期差分法、差分运算法和函数变换方法；参数估计常用的方法包括极大似然估计、矩估计、最小二乘估计；

模型检验可以检测参数是否属于白噪声序列，如果是则表示检验通过。自回归移动平均模型在应用过程中，其要求网络安全态势序列或者某一级差分需要满足平稳性假设，这个前提条件限制非常苛刻，因此，极大地限制了自回归移动平均模型使用范围。

（二）灰色预测模型

网络安全态势预测过程中，为了能够弱化原始序列的随机性，通常人们会采取累减或累加等方法求解生成序列。如果处理的次数足够多，一般可以认为已经弱化为非随机序列，大多可以使用指数曲线进行逼近，这也正是灰色预测的核心思想。

灰色预测模型可以有效地反应网络安全态势中的低频缓变趋势，但是，这种预测方法无法很好地体现突发性较强的高频骤变趋势，难以应对网络安全态势预测过程中的具有周期性波动的网络态势，因此，导致这种趋势的误差非常大。

（三）神经网络预测模型

神经网络是一种有效的网络安全态势预测算法，其可以采用学习算法学习正常的网络数据行为，能够提取相关的正常行为特征，将其保存在网络中，以便能够进行识别不一样的行为。神经网络可以对训练数据进行自组织、自适应的学习，具有学习最具典型的攻击行为特征样本和区分正常数据的能力，以便能够得到正常的事件行为模式。训练之后，神经网络可以用来识别待检测的网络事件行为特征，能够鉴别行为特征的变化，检测判断出潜在的异常行为。因此，神经网络具备的分布式存储、并行处理和容错能力，都可以通过训练学习时调整不同的神经网络参数权值实现，具有较强的外界环境适应变化能力，同时具备非常强的抗干扰能力。神经网络在安全审计系统中的应用不足之处是样本数据很难获得，检测的精度也需要依赖于神经网络的训练次数，如果加入了新的攻击行为特征，需要重新训练网络，训练步骤较为复杂、耗费较长的时间。

网络安全态势预测可以使用统计分析技术、概率论推理技术、神经网络模式识别技术等根据当前网络运行状态预测未来网络发展趋势，能够及时地获取网络中潜在的安全威胁，构建主动网络安全防御系统，进一步提高网络安全防御能力。

三、网络安全态势评估的预测技术

（一）数据挖掘技术

随着计算机网络信息技术的进一步发展，网络数据信息也在不断地增加。然而从众多的网络信息中进行目标信息数据的查询就成为应用技术的主要研究方向，使其能够确保在最短、最快捷的时间内实现网络数据分析，同时，对其创建检测模型，进而进行威胁因素的检测。这一数据挖掘过程，是针对网络中的诸多信息进行目标信息的挖掘，它不仅是网络安全态势评估中的关键性技术，而且也是进行信息挖掘最有效的实施途径。该技术虽然在细节上还存在着一定的有待解决的问题，但却具有广阔的应用前景。

（二）数据融合技术

对多源数据需要进行融合处理，数据融合技术主要是通过对各种数据进行有效结合，并对其进行重新描述，使其与单一的数据信息相比，不仅具有强大的信息处理功能，还能进一步地进行多元数据信息的对比分析。由于数据融合技术的发展过程较为漫长，而且经历了这一漫长的发展过程，使数据融合技术更加成熟与完善，不仅可以进行实时融合，还能进行海量、多源信息的处理，具有良好的实践与应用效果。数据融合的通用模型是对数据进行全过程的融合，不仅包括目标数据与网络态势的提取，还包括对安全威胁与过程的提取，这一过程中不分先后，可以并行处理，而且还可以将数据联合起来确定其属性特征，形成网络安全态势评估。

（三）信息可视化技术

信息的可视化技术一般情况是通过计算机中的图像处理技术加以转化而实现的，它不仅能够显示电脑评估图像，还能对网络信息进行处理。

总而言之，网络安全问题是当前人们比较关注的网络应用问题，对于网络安全存在的隐患问题以及造成的一定影响进行运行分析，是保障网络安全的基础，同时，也是及时快速查找到威胁因素的重要途径。针对网络安全态势评估中的关键技术进行数据技术的挖掘，不仅能将网络数据信息进行融合处理，而且还能更为快速准确地查找目标数据信息。并通过可视化信息处理技术呈现出来，既为工作人员提供了规律性查找的方便条件，同时也很好地解决了网络中的安全隐患问题，由此确保网络的安全运行。

第七章 计算机网络安全的实践应用研究

第一节 基于信息安全的计算机网络应用

本节主要阐述了计算机网络安全与虚拟网络技术的基本内容，并对虚拟网络技术在计算机网络信息安全中的具体应用进行了深入研究，以期在推动互联网技术进一步发展的同时，为公司和企业的信息建设贡献更多力量。

一、计算机网络信息安全与虚拟网络技术的基本概述

计算机网络信息安全的概念和要素。简单来讲，所谓的计算机网络信息安全主要指的是在计算机的运行过程中，为防止信息有意无意泄露、破坏、丢失等问题发生，让数据处于远离危险、免于威胁的状态或特性，其主要包含了完整性、保密性和可用性的三大要素。而根据相关数据调查显示，由于人为入侵和攻击等人为因素以及火灾、水灾、风暴、雷电、地震或环境（温度、湿度、震动、冲击、污染）等自然灾害的影响，计算机网络信息在运行过程中，其完整性、保密性和可用性会受到一定威胁，给企业发展造成一定影响的同时，也极大地降低了计算机网络的信息安全。

虚拟网络技术的概念和特点。作为虚拟网络中的重要内容之一，虚拟网络技术主要指的是计算机网络中随意两个节点相互连通的状态。但与传统物理链接线路不同，它是搭建在公共网络服务商提供的专用网络平台上面，让使用者所需求信息通过逻辑链接线路进行传递。从现实角度来讲，虚拟网络技术能够很轻松地将用户和相关信息联系起来，既保证了互联网的稳定运行，也显著提高了传输数据的安全性，为企业的高效安全发展奠定了良好基础。且从目前来看，虚拟网络技术主要包括了隧道技术、加密技术、身份认证技术以及密钥管理技术等，而其中最重要和最关键的技术之一就是隧道技术。除此之外，根据相关数据调查显示，与传统网络信息技术相比，虚拟网络技术具有显著的安全性、简易性、延展性、操作简单性等多种技术特点。在一定程度上这些优点是其在现代计算机网络安全中得到广泛应用的重要基础，同时，也是在未来很多年内都将成为信息行业的重点研究对象。

二、虚拟网络技术在计算机网络信息安全中的应用

近年来，随着我国现代化信息技术的不断发展，计算机网络安全作为信息化建设的重要内容之一，虚拟网络技术因其显著的应用优势成了计算机网络信息安全中的核心内容，在为用户带来更好使用体验的同时，也为公司和企业信息化建设的进一步发展奠定了良好基础，从目前来看，虚拟网络技术在计算机网络信息安全中的具体应用类别如下，即：

企业部门与远程分支部门之间的应用。近年来，随着我国社会主义市场经济的不断发展和科学技术的不断进步，企业数量不断增多、市场规模逐渐扩大的同时，虚拟网络技术以期安全可靠、方便延伸以及成本低廉的优势被应用于公司总部门和分支部门之间的远程控制。不仅有助于加强了两者之间的沟通交流，同时，在虚拟局域网下，各级分公司分支的局域网彼此之间也是相互连接的，因此，在企业的发展过程中，他们可以共享和上传各级公司内部的所有信息，且与传统的互联网技术应用来说，硬件式的虚拟网络工具具有较高的加密性，不仅最大限度地为企业的发展提供了较高的安全保障，也为公司和企业的信息化建设贡献更多的力量。

在公司网络和远程员工之间的应用。根据相关数据调查显示，从虚拟网络技术的应用频率和应用范围来看，以采购和销售为主要运营项目的公司对于此项技术有着更加大面积的应用，且这项信息网络技术常常被应用在公司网络和远程员工之间。究其原因是这项网络技术的应用，在一定程度上不仅能帮助企业员工实时了解当下企业内部最新的各项数据信息。从而为工作的下一步开展奠定了良好基础，极大地提高了企业员工的工作质量和工作效率，而另一方面通常虚拟网络技术的服务器设置在公司总部，业务网点和移动办公各级机构可根据实际情况从客户端进行登录，在越过防火墙阻拦的基础上获取相关信息，由此与传统的网络技术相比，作为虚拟的网络接入工具，虚拟网络技术在安全性能等方面得到了广大人民的认可和信赖，是目前计算机网络安全性能较高的一项软件应用技术。

在公司和公司客户之间的应用。其实从某方面来讲，在公司和公司客户、公司和合作伙伴、公司和供应商之间，虚拟网络技术也得到了较大范围的应用，在一定程度上不仅给企业的发展奠定了良好基础，同时也为不同的用户带来了不同的使用体验，进而为公司和企业的信息化建设贡献了更多的力量。简单来说，在当下数字化不断发展的信息时代背景下，公司要想在激烈的市场竞争中长期稳定的生存和发展下去，寻求新的合作关系、建立新的合作伙伴或供应商、增加自身的业务量以获取更多的业务数据是企业未来发展的重要基础和核心方向，而虚拟网络平台的建设与发展从某方面来说就是为公司的发展提供了更多的方便。与此同时，倘若一些数据是公司内部的机密文件，为了阻止其他人的访问，企业可通过设置防火墙的办法来提高文件的安全性，以期在帮助公司解决数据共享问题的同时，也保护了公司的合法权益。

总而言之，近年来随着我国互联网技术的不断发展和广泛应用，传统网络信息技术在应用过程中，一方面不仅无法满足当下社会企业发展的需求，影响了计算机网络的信息安全，同时，系统在运行过程中也会因一些小的瑕疵而出现运行不畅等问题，严重地影响了

用户体验。为此经过十几年来的实践探索研发，基于信息安全的虚拟网络技术不仅有效地解决了上述问题，同时，也是因该技术强大的安全性和可靠性，虚拟网络技术的存在和发展也大力推动了信息产业的发展进程，为公司和企业的信息化建设贡献更多的力量。

第二节　计算机网络安全教学中虚拟机技术的应用

虚拟机技术在计算机网络安全课程中的应用，能够为教学环境创造实践性，是提高计算机网络安全教学质量的重要方式。为了进一步解析计算机网络安全教学中虚拟机技术的应用方式，本节分析了计算机网络安全教学中的普遍问题，总结了虚拟机在网络安全教学中的基本特征，并提出了相应的教学策略。希望能够借助虚拟机技术的应用，全面提升计算机网络安全教学的质量和水平。

Virtual Machine 虚拟机，是一种模拟软件系统的独立运行体系，是在计算机软硬件系统单独隔离出一块区域，作为独立的并行运算系统。虚拟系统以全新镜像，提供了完全一致的 Windows 系统操作环境，可以独立完成数据保存、上传下载、软件运行、系统更新等一系列操作。当前较为普及的虚拟机版本包括：Virtual Box、Vmware、Parallels Desktop、Virtual PC 等。由于其独立环境的可塑性，为计算机网络安全教学带来了诸多便捷条件，是优化网络安全教学课程的积极方式。

一、计算机网络安全教学中的普遍问题

教学系统安全隐患。为了让学生真实感受到计算机网络中所存在的安全隐患，通常情况下，计算机网络安全教学中，使用计算机硬件系统来演示终端 PC 机在受到网络入侵的情况。诸如，在局域网内，有教师 PC 终端向学生终端发送非法链接，演示终端 PC 机或服务器受到网络入侵的形式和风险类型。但是这种演示本身，也会存在一定的安全隐患，一旦对于网络木马、病毒的控制或后期清除不善，也会造成威胁教学网络系统的风险。因此，在计算机网络安全教学中，教师通常情况下，仅以威胁性较小，可以完全清除的网络病毒类型为教学案例，无疑降低了教学体验度，无法让学生感受到网络安全隐患的真实情况。但如果将最新的病毒类型带入教学系统，也会存在更高的安全风险和隐患，对于教学案例选择而言是较难取舍的问题。

操作实践内容较少。黑客入侵是计算机网络安全教学中必修内容。通常情况下黑客入侵网络终端的方式较多，在教学过程中演示入侵方法，也是引导学生了解网络后台规律的教学重点。诸如，黑客入侵网站后台、暴露网站登录链接，则会造成门户网站的安全隐患。无论 PHP 模式，抑或开发网站开发系统，黑客均以后台文件作为攻击载体。但是，在教学过程中，教师仅能够为学生演示类似的后台侵入方式，并不可能要求学生去入侵一家正在运行的真实网站，或者公布其网络后台登录链接端口。因此，计算机网络安全教学中的

操作实践内容较少，学生多为观察较少所制作的 PPT 或视频微课，真正能够进行操作性训练的内容并不具备相应的教学条件。

网络知识的碎片化。网络知识本身是一种极为零散的知识碎片，在网络安全知识的体系中，诸多知识节点在不断更新，诸多知识素材在不断更替。诸如，网站根目录设置规则，robots.txt 或 sitemap.xml 文件类型的设计方案，SEO 的部分功能实现方式，metinfo 或 wordpress 建站系统的更新版本，html 代码的编写方式等等。其知识体系的不断发展，令教学内容的延展度无限放宽。当计算机专业教师选取教学素材时，如何更为精准的展现当前的网络发展进程？如何帮助学生理解其中的关键知识点？如何将最新、最全、最为有用的知识内容带入课堂？是计算机网络安全课程，在其内部知识不断更新且呈现出零散化状态时遇到的教学问题。需要教师将碎片化知识重新架构重组，完整地呈现在学生面前。

二、Virtual Machine 虚拟机在网络安全教学中的基本特征

较高的软硬件兼容性。虚拟机在软件与硬件两方面的兼容性都较高。一方面，从计算机硬件角度分析，CPU、主板、网卡、显卡、硬盘的系统资源占比较低。即便是在运行虚拟机的情况下，计算机硬件系统也可支持其设备驱动或独立操作。另一方面，在虚拟存储器中，以虚拟地址为辅助存储器，并以固定长度的数据块作为信息载体。那么计算机软件系统的镜像还原，基本模拟了计算机软件操作的所有功能。诸如，当前应用频率最高的 Windows 7 系统，在加载 Virtual PC 映像时，基本可以完成常用软件的随机加载和使用。因此，虚拟机在硬件和软件两个方面的兼容性均较高，适合在计算机网络安全教学中使用。

独立运行的隔离环境。在计算机网络安全教学中，由于课上所讲授的教学内容，需要在联网环境下进行操作练习。如果某一台终端 PC 机受到网络病毒侵袭，而并未在短期内快速清除，则容易迅速传播其他终端。而虚拟机运行环境相对独立，即便终端 PC 机受到侵害，也可以避免主机系统受到侵袭。在物理层面的独立运行和保护，相当于隔离了病毒入侵的系统环境。主机系统如果发现虚拟系统中出现无法控制的病毒类型，则可以选择镜像还原虚拟系统，进而保护终端主机系统的独立安全性。因此，虚拟机所创设的独立运行隔离环境，更加适合在网络安全课程中，讲解威胁性较高的病毒类型，或者后天入侵类型，是提高教学体验度和真实感的有效教学载体和工具。

广泛的系统配置条件。虚拟机对于主机运行系统的配置条件并不高，即便是当前教学环境中所使用的终端机系统，也可在教学终端联网后，随机下载不同版本的虚拟机软件。诸如，物理层面上创设的多组虚拟机联网环境，可以对不同的软件系统主动适应。诸如，Linux 或 Windows 系统，均可在常规的运行状态下使用虚拟机联网。尤其在讲解最新的网络系统时，使用虚拟机可在无须更新系统硬件配置条件下独立完成，那么也就无须考虑教学设备重复性，或更新型的购置问题。因此，选择虚拟机在网络安全教学中使用，其教学成本较低，可以为学生呈现最新的系统版本，是在现有硬件条件下，提高教学内容前沿性的积极方式。

三、计算机网络安全教学中应用虚拟机的重点教学策略

整理虚拟机文件名。应用虚拟机开展网络安全教学,首先需要对虚拟机内存储的文件名进行重新整理。当虚拟机联网使用时,学生虚拟机终端内存占比较高,容易在此联网速度下降。抑或在教师终端联网之后,存在非实名认证的画面序列混乱问题。因此,在每一次启动虚拟机进行教学联网时,需要对所有终端 PC 机的下属文件名进行重新整理。如果教学时间不足,可以由任课教师对虚拟镜像文件进行统一编码,而后通过内部局域网上传,由学生在终端 PC 机主动下载。

构建攻防操作平台。使用虚拟机进行网络安全教学,最终目标是将网络安全风险、隐患、入侵手段等重点教学内容呈现在学生面前。同时,需要加强常规教学模式的可操作性,才能一改往日教学程序,令学生的操作技能可以得到真实训练。因此,在使用虚拟机的过程中,需要进一步构建攻防操作平台,加强学生的自主学习能力。诸如,可以在网络环境下构建一个虚拟机的网络平台,由学生分组实施攻击。在锁定攻击对象之后,由小组成员分配任务类型,收集信息、破解密码、实施后台操作。实践演练部分,可以由 n 个小组作为攻击方,另外 n 个小组作为守护方。网络安全课程在不断接近真实网络安全的处理环境之后,方能提高课程本身的真实操作演练效果,加强学生的操作技术能力。令虚拟机发挥出指导学生操作演练的技术功能,后续可通过攻防实训环境的回顾,讲解其中的关键知识点。

考评学生综合能力。学习计算机网络安全知识,需要在真正了解学生综合能力的基础上规划教学设计内容。虽然使用虚拟机后,并不容易造成教学网络终端的大面积瘫痪。但是如果学生每一次防范网络安全隐患都以失败告终,那么学生的学习兴趣也会逐渐下滑,降低对于学习网络安全知识的主观能动性。因此,在使用虚拟机后,教师更加需要关注本班的具体学情,提供适合学生当前知识理解能力的教学资料,并详细讲解其中的关键知识点,对学生的实训内容加以精细化处理,满足学生的个性化发展需求。方能真正有效利用虚拟机,来提高网络安全教学的质量和水平。

增强虚拟网络实践。应用虚拟机贯穿于网络安全教学的全过程,虽然可以将网络安全的相关案例形象地展现在学生面前,但是,对于真实的系统操作环境,部分学生仍然会存在一定的模糊认知。这种有虚拟机环境造成的理解性偏差,是网络安全教学中需要规避的问题。教师可以参考本班的具体学情,在学生具备了较强的操作能力之后,通过局域网为学生呈现非虚拟机的真实操作环境。让学生在最为真实的操作环境下,掌握网络安全的关键知识点,加深网络安全知识印象和主观理解,达到更为理想的教学效果。在学生普遍操作能力较强时,可以适当发展操作技能竞赛。由学生分组报名,借助虚拟机系统演练网络安全知识,攻防转换之间,训练学生对于网络安全知识的掌握程度和熟悉程度,真正提高计算机网络安全教学质量和水平。

综上所述,计算机网络安全教学中,应用虚拟机技术,能够增强教学实践度、弱化教学系统安全隐患、操作实践内容较少、网络知识的碎片化等教学弊端。为了优化计算机网络安全教学中应用虚拟机技术的教学效果,需要提前整理虚拟机文件名;构建攻防操作平

台；考评学生综合能力；增强虚拟网络实践。进而优化虚拟机技术在计算机网络安全教学中的应用效果，为学生提供良好的学习环境，增强计算机网络安全教学水平和质量。

第三节　网络安全维护下的计算机网络安全技术应用

随着社会经济的不断发展，信息技术的不断更新，人们的日常生活与学习已经逐渐离不开计算机网络。然而，在计算机网络给人们带来巨大便利的同时，其安全问题却始终受到着人们的密切关注，因此，如何更好地对计算机网络实施安全保护已经成为目前亟待研究的课题。本节将通过对当前计算机网络中存在的几种主要安全隐患进行简要分析，并探讨出网络安全维护下计算机网络安全技术的应用策略。

在信息时代背景下，计算机网络技术的出现给人们的生活带来了翻天覆地的变化。但当它在给我们的生活提供便利时，也给我们存储在计算机中的重要信息资料带来了极大的安全隐患。网络安全问题作为社会一直关注的焦点，加强计算机网络安全技术的应用，为人们现今网络化的学习生活提高安全保障，对网络系统整体的安全维护来说具有十分重要的意义。

一、当前计算机网络中存在的几大主要安全隐患

计算机操作系统自身存在弊端。计算机操作系统作为保证计算机网络及其相关应用软件正常运行的基础，由于计算机操作系统具有较强的扩展性，且目前正在进一步研究开发等，操作系统的版本与计算机功能都在不断地更新和改进，这样一来就给计算机网络系统的正常运行埋下了巨大的安全隐患。据相关调查发现，目前，市面上绝大部分计算机操作系统单从技术层面上来说都存在着严重漏洞。因此，这些安全隐患不仅给计算机网络系统带来了较大的安全威胁，也给社会不法分子提供了更多违法犯罪的机会。

计算机病毒的威胁。计算机病毒，不仅具有较强的破坏性、传染性，还会对计算机网络的正常运行造成严重干扰，是一种极有可能导致计算机系统瘫痪的计算机程序。目前，常见的计算机病毒主要有木马病毒、间谍病毒、脚本病毒等几种。其中，木马病毒最具诱骗性，主要被利用于窃取计算机用户的信息资料；而间谍病毒则是通过强制增加计算机用户对网页的访问量，对网络链接及网络主页进行挟持；还有脚本病毒，其传播病毒的主要途径就是通过网页脚本，专对计算机系统中存在的漏洞及计算机网络终端实施攻击，最终达到控制计算机程序的目的。现如今，信息技术的不断发展，计算机病毒的种类也在不断增多，给计算机网络安全带来的威胁也会更加复杂。

网络黑客的攻击。网络黑客，主要指一些利用自己所掌握的计算机技术，专门对存在着严重漏洞的计算机网络终端及系统进行破坏的不法分子。当前，计算机网络黑客所采用的主要攻击手段有利用性攻击、脚本攻击、虚假信息式攻击以及拒绝服务式攻击等。其中，

利用性攻击手段主要是黑客利用木马病毒实现对用户计算机系统的控制；脚本攻击，指的是黑客利用网页脚本存在的漏洞，对用户使用的网络主页进行挟持，使网页不断出现弹窗，导致系统崩溃；虚假信息式攻击，主要通过发送 DNS 攻击邮件等方式，给计算机用户的电脑中植入病毒；而拒绝服务式攻击，主要目的是为了耗费计算机用户的网络流量，并利用大数据流量导致网络系统瘫痪。

二、网络安全维护下计算机网络安全技术的应用

防火墙技术的应用。现阶段，防火墙技术已经成为成为人们进行网络安全防护工作的重要手段，也是目前最主要的计算机网络安全技术之一。所谓防火墙技术，就是为用户使用计算机网络设置一道具有较强保护作用的屏障，从一定程度上对计算机网络安全起到维护作用。通常情况下，将防火墙技术分为网络级防火墙和应用级防火墙两类，在实际应用防火墙技术时应该结合现实情况选择不同的防火墙技术。网络级防火墙，主要通过对云地址、应用等进行科学合理的判断，从而制定出相关的措施及安全防护系统。其中，技术人员常常会利用路由器对计算机网络中接收的信息数据进行检查并过滤，以此实现信息数据的安全性，而路由器就是一种较为常见的网络级防火墙。应用级防火墙，则是将计算机服务器作为安全点，对传输到服务器中的信息数据进行扫描，从而及时发现其运行存在的一些问题及恶意攻击等，并采取科学有效的方式降低病毒对计算机系统的影响。

查杀病毒技术的应用。目前，针对一些常见的计算机病毒，为了使病毒得到更有效的解决，通常会采用一些查毒软件。例如，我们日常生活中常用的"卡巴斯基""金山毒霸""360杀毒""腾讯管家"等，这些防毒软件都带有一定的病毒查杀技术，对计算机网络安全也能起到较好的保护作用。正确应用病毒查杀技术，首先需要用户在计算机内安装正版的杀毒应用软件，并定期对病毒库进行更新等。其次，需要用户及时对计算机操作系统进行版本更新，并加强对计算机网络漏洞的修补等。最后，用户还应该尽可能避免访问一些不良网站，以防给各种计算机病毒等提供可乘之机。

数据加密技术的应用。如今，计算机系统中加密技术及访问权限技术的应用已经十分普遍，利用密钥和入网访问授权等方式，有效避免了非授权用户对计算机网络的控制。其中，数据加密技术作为一种传统的计算机网络安全技术，由于计算机网络运行时产生的都是动态数据，而加密技术正是利用密钥对其动态数据实施有效控制。因此，数据加密技术的应用对防止非授权用户对计算机内数据信息进行修改具有非常重要的作用。

目前，对于人们的日常生活及工作来说，计算机网络的使用已经不可缺少，这就使网络安全维护显得尤为重要。而加强网络安全维护，不仅涉及计算机网络安全技术应用和开发方面的问题，更涉及网络安全管理方面的问题。因此，在实施计算机网络安全技术对用户的安全性提供保障的同时，更重要的是为用户建立健康安全的网络环境，从而使网络安全得到真正的维护。

第四节　计算机网络安全检验中神经网络的应用

计算机网络安全检验始终是计算机网络体系发展的核心内容，而神经网络在计算机网络安全检验中的科学化运用，则从根本上解决现代计算机网络发展的安全管理问题。根据计算机网络安全检验特点，对神经网络应用进行分析，并制定有效的计算机网络安全检验神经网络应用设计方案，以此为神经网络在计算机网络安全检验方面的合理化运用提供参考。

计算机网络安全发展体系逐步形成，公众的计算机网络安全管理意识进一步提升，为计算机网络安全问题的解决创造诸多便利条件。计算机网络技术使信号资源得以自由流动并实现高效共享，社会的不断发展使人们认清了这一事实，而在计算机网络系统应用过程中，诸多不安全因素对网络系统的安全造成严重威胁，使计算机用户的信息安全变得日益严峻。因此，保障计算机网络系统的安全，对网络进行安全评价是不可或缺的。技术应用是确保计算机网络安全体系发展与时俱进的重要基础，尤其是现代神经网络技术应用，使传统意义上的计算机网络安全管理技术应用得以全面化革新，为未来阶段计算机网络安全机制的建立提供现代化网络安全技术支持。

一、计算机网络安全检验的神经网络发展及特点

计算机设备集成主要始于 20 世纪 70 年代初期，相关计算机运行管理机制的提出，使原有的电子化计算技术发展速度逐步加快，相关的计算机网络构成也逐步成熟。于 20 世纪 80 年代末期，首次将网络连接系统应用于计算机集成系统方面，从而形成今天的互联网。早期阶段的网络体系构建发展体系单一，相关的网络内容及系统数据源主要掌握在政府机构方面，后期的技术发展应用逐步重视自动化及智能化水平的提升，因此，衍生出神经网络概念。神经网络概念的提出最早是在 20 世纪 40 年代，随着生物科技及计算技术应用的进一步发展。截至 20 世纪 90 年代末期，第一次将计算机网络体系与神经网络相关联，成为现代智能化网络设备应用的雏形。

发展。自 20 世纪 60 年代起，Widrow 等人便提出利用 LMS 自适应线形神经元来对信号进行预测、模型识别及自适应滤波处理，标志着神经网络技术已经开始被应用于实际问题的解决中，并逐步在各个领域应用。最初的计算机神经网络应用主要局限于军事、医疗及工业生产，相关的神经网络构建虽然相对复杂，但由于部分技术不够成熟，在实际应用方面存在神经网络数据反馈错误，从而给设备操作人员予以一定的误导。后来，McCulloch 等人通过对人脑功能及结构进行模仿，从而建立了一种以人工智能为核心技术的信息处理系统，从而扩展了人工神经网络的应用范围，使其在农业、企业管理、土木工程等领域得到广泛应用。现阶段，我国计算机网络体系商业化发展模式正逐步形成，相关

的生物科技水平也有所提升，使计算机神经网络应用市场需求进一步增加，在激烈的市场竞争环境下，掌控未来科技成为计算网络企业发展的重要内容。在此环境下逐步推动计算机神经网络的完善与发展，使其成为现代网络安全体系的重要构成。

特点。传统的计算机神经网络布局主要采用微分非线性方程，相关的技术应用方向较少，而现代化的计算机神经网络构成则多采用多元化方程计算模板，相关的网络计算技术应用条件及环境有所改善，相关的技术应用设计也符合现代化信息网络社会发展需求。早期阶段的计算机网络构建需要通过人工操作及人为干预来实现，而计算机神经网络应用则可根据计算机神经网络判断，得出正确的操作指令，从而实现多线程的自动化数据处理，提高数据处理效益，并通过对多种网络信息模式的并联，实现对多台计算机网络设备的控制，以此达到智能化控制及高效化管理的基本目标。现代计算机网络神经设计具备一定的联想及听觉辨别能力，可根据任务内容的不同合理调配计算机网络资源，以此提高计算机运行的安全性与稳定性。

二、计算机网络安全检验的神经网络应用

计算机网络安全检验包含项目较多，对于神经网络的应用必须符合保密性及完整性的相关原则，同时避免计算机遭受外来数据信息攻击，提高计算机运行安全性。

计算机网络安全模式。计算机网络安全模式种类主要有以下几种：一是逻辑思维层面的计算机网络安全模式，该模式下的计算机网络安全运行主要由多个网络安全模组构成，通过计算机精神网络调控，实现对多组网络安全模块功能的合理化应用，充分发挥不同网络安全模组的实际作用，从而提高计算机网络运行的安全性。二是物理层面的网络安全控制，主要包括网络信息设备的安全防护措施应用及安全设备管理等。虽然计算机网络设备管理安全性较高，但不能排除人为因素、自然因素及设备因素造成的设备坏损及运行停滞等相关问题，所以，要做好网络设备的安全防护，从物理层面提高计算机网络安全。三是网络软件模组构成的计算机网络安全体系，该网络安全模式应用较为广泛，主要运用计算机软件解决计算机网络安全问题。根据计算机使用者的实际要求，制定一套完善的网络安全管理及预警体系，并可通过早期阶段智能化设置，自主通过计算机神经网络调控，针对计算机网络安全风险进行规避，以此提升计算机网络安全运行的总体安全性。

计算机网络安全体系。计算机网络安全体系建立，对于提高计算机网络运行安全性具有重要意义，现阶段的计算机网络安全体系主要由网络端、客户端、服务器端及网络安全管理企业服务器构成。不同网络运行环境及操作系统应用其基本的网络安全管理效益具有一定差别，需要根据自身计算机网络运行环境对计算机网络安全系统构架进行分析，从而选择适宜的方案建立完善的计算机网络安全管理机制。计算机网络安全体系的构建需要遵循以下两方面的相关原则：一是简要性原则。计算机网络安全风险的生产传播途径相对较多，同时，入侵计算机网络的速度也相对更快，需要在设计方面对相关的计算机神经网络进行优化，尽可能的简化操作流程，提高网络安全运行速度，确保计算机神经网络系统在第一时间内对相关的安全风险问题进行控制。二是独立性原则。现代计算机网络构成主要

以开源化网络体系为主,相关的网络安全控制体系必须独立于现有的计算机运行体系之外,以免在计算机遭受网络安全威胁前,出现计算机神经网络安全性系统瘫痪问题,提高网络安全体系构建的可靠性。

计算机网络安全检验工作的完善。现阶段,计算机网络安全的检验工作存在较大差异,只有建立清晰的检验思路,才能使计算机网络的安全得到根本保证。对于检验思路的建立来说,遵守神经网络的规律是非常必要的,将神经网络所具备的特点与优势应用到检验思路的建立中,并实施分步检验策略,对管理制度、检验过程、检验方法及安全观念等进行逐一的革新,有效地避免千篇一律的现象,无疑能在很大程度上完善计算机网络安全检验工作。此外,依据计算机网络检验工作的未来发展趋势,将相应的参与机制引入检验工作中,并针对计算机网络检验的内容和对象,在全体管理人员中积极宣扬计算机网络安全检验工作,使管理人员能对计算机网络检验的意义和重要性有正确而清晰的认识。同时,还可根据管理人员职责上的不同来制定参与方式和参与内容,使其积极性被充分调动,并进行定期考核,将检验工作中产生的问题进行记录与跟进,同时采取量化方法来进行管理。

计算机网络安全检验标准的 BP 神经网络设计。神经网络的种类很多,而其中尤以 BP 神经网络最为典型,其功能也最为突出,BP 神经网络在计算机网络安全检验标准的设计中发挥至关重要的作用。BP 神经网络通过训练样本训号来降低信号的误差,以使其与预期相符,进而使其在实际应用过程中达到最佳的检验效果。利用 BP 神经网络对计算机网络安全检验标准进行设计时,可通过 BP 神经网络来提高计算机网络系统的安全性,使网络安全的检验工作变得更加细致、具体。对于 BP 神经网络的结构来说,大部分都是单隐含层结构,而隐含层结构中的隐节点数量直接影响网络性能。误差方向学习是 BP 神经网络的明显特征之一,BP 神经网络正是借助误差方向学习特征,使其对计算机网络所包含的所有数据信息进行逐一过滤,以逐一检验这些数据信息的安全性。在执行反向学习以前,应首先执行正向学习。在正向学习中,通过对实际结果和期望结果的对比,分析实际结果和期望结果的误差,当这种误差较大时,便会执行反向学习。而神经网络正是利用正向和反向两种学习模式的结合,以实现对计算机网络系统故障的反复性检验,从而使非线性的映射问题得到有效解决。

三、计算机网络安全检验的神经网络算法优化步骤及原理

计算机网络安全检验的神经网络算法优化步骤。计算机网络安全的神经网络算法应用主要以 BP 神经网络系统为主,是一种采用误差逆转传播的基础算法。该算法能有效地对多层神经网络进行锻炼,并根据学习规则,对神经网络模型进行反向传播,从而运用网络系统的阈值及权值实现网络神经误差平方和的控制。BP 神经网络模型的构建主要包括输出层输入层等多个方面,相关的神经元连接采用三层拓扑结构构成,可根据单层神经网络系统运行模式在求解线性问题分析方面加以运用。

对计算机网络进行检验主要包括两个步骤:一是对计算机网络安全体系进行构建;二是采用粒子群优化算法来优化 BP 神经网络,以使 BP 神经网络存在的不足得以弥补,使

其性能得以提高。对 BP 神经网络进行优化主要包括以下几方面：一是初始化 BP 神经网络中的函数及其目标量；二是调整粒子群中粒子的位置、速度等参数；三是采用粒子群来对 BP 神经网络功能进行完善，以使其能够检验网络的适应度；四是将神经网络中各个神经元的最高适应度进行保存，以作为检验标准；五是对各个粒子的惯性进行计算，如果粒子的运动速率及位置发生变化，则对各个粒子群间的适应度所产生的误差进行记录，然后统计适应度误差。

计算机网络安全检验的原理。计算机网络安全的检验原理是根据相应的检验标准来实现的，在检验时首先要明确检验内容和检验范围，然后依据网络的安全状态及运行过程中的实际状况，来对计算机网络可能存在的隐患进行预测与排查，并依据检验标准来实施检验，从而最终确定计算机网络的实际安全等级。在计算机网络安全检验中，应对相应的检验标准进行合理选择，并建立科学、正确的检验模型。由于计算机网络漏洞及隐患具备多变性与突发性特点，而神经网络又是一种非线性的检验方法。因此，将神经网络应用于计算机网络安全等级的检验工作中，能使检验精度得到显著提高。

四、计算机网络安全检验的神经网络设计

计算机网络安全检验的神经网络设计构成较为复杂，不同层级的使用功能均有较大差异，由于基础设计层级种类繁多，无法逐一列举。因此，选择神经网络输出层、隐含层及输入层为主要分析对象。

神经网络输入层设计。神经网络输入层设计要求与网络安全管理指标保持一致，主要结构由多个不同的神经元节点构成，各节点实际运行数据要确保与安全运行协议标准的统一，以便更好地提高神经网络应用的整体性。例如，在计算机网络安全体系方面针对 18 单元的二级指标设计，必须以计算机网络安全管理为输入模板。并控制输入层神经元节点设计数量，确保相关的单元节点同样为 18 个基础结构，从而确保神经网络安全控制的步调一致。

神经网络隐含层设计。在现有的神经网络中，大部分神经网络在隐含层方面均是单向隐含层，而隐含层中节点的数量对神经网络的性能直接影响，如果隐含层的节点数量比标准值多很多，则会使神经网络的内部结构显得过于复杂，进而影响信息的传输速率。如果隐含层的节点数量比标准值少很多，则会降低神经网络所具备的容错能力。因此，必须确保神经网络节点数量与标准值相符。经过大量的实践结果表明，当神经网络隐含层选择五个节点时，计算机网络安全检验的效果往往较为理想。

神经网络输出层设计。神经网络输出层主要对神经网络应用进行控制，例如，基础数值的设计方案，将数据内容设计为 2 个单元，其输出结果将分为三个等级。一是一级安全标准，即（1.1），该标准表示计算机运行处于安全环境下，不存在相关的安全风险问题。二是二级安全标准，即（1.0）该标准表示计算机运行总体状况良好，相关的系统运行相对安全，但有一定概率产生计算机网络安全风险，需要及时加以防范及处理。三是三级安全标准，即（0.0）该标准表示计算机存在严重的安全风险，需要及时地对相关计算机网

络安全问题进行处理，并采取相关的安全管理措施，以免计算机网络陷入瘫痪。不同的神经网络输出数据设计，所显示的计算网络安全情况均有差异，根据计算机网络运行环境及使用状态合理调控，并确保计算机网络神经输出层设计的有效性，以此为神经网络在计算机网络安全体系建设方面的实际应用奠定坚实基础。

计算机网络安全检验对神经网络的应用势在必行，是未来计算机网络安全体系构建的主要方向，对解决现阶段非物理层面的计算机网络安全问题意义重大。从神经网络技术应用、环境优化及层级设计等方面对神经网络在计算机安全系统方面的应用做出调整，在逐步探索中对现有的计算机网络安全神经网络应用方法及模式做出调整，运用神经网络设计为现代计算机网络的安全发展创设良好的技术条件。

第五节　电子商务中计算机网络安全技术的应用

在电子商务行业的发展过程中，计算机网络的安全问题日益明显。就电子商务中计算机网络安全技术的应用进行分析，阐述电子商务与计算机网络安全技术的关系，分析当下电子商务运行的安全隐患，提出电子商务中计算机网络安全技术的应用策略，旨在借助计算机网络安全技术的应用来推动电子商务行业的良性发展。

近年来计算机网络技术发展迅猛，并广泛地应用在各个领域，人们的生活方式以及工作环境都得到了前所未有的转变。随着计算机网络安全技术的应用，电子商务行业得到了一个更加便捷的交易平台，打破了以往交易受空间限制的发展现状，不断地扩大了电子商务的用户群体，为电子商务行业带来了巨大的发展空间。电子商务行业虽然具备很多优势，但是计算机网络安全问题始终是电子商务行业发展中重要的隐患。只有高度重视计算机网络技术的问题，营造一个安全可靠的计算机网络环境，才能够助力电子商务行业稳定健康的发展。因此，应当积极地解决计算机网络本身存在的安全隐患，优化电子商务中计算机网络存在的安全问题，为电子商务行业营造一个良好的网络环境。

一、电子商务与计算机网络技术的关系

从广义的角度上来看，电子商务就是依托于计算机网络技术建立的一种基础性商务活动，在这个基础性的商务活动中以网络为基础涉及各个方面的行为。虚拟交易是电子商务的根本，当电子商务脱离了计算机网络技术就意味着电子商务行业失去了发展的主要动力。

电子商务行业通过应用计算机网络技术能够对自身的数据库进行整合与管理，应用先进的算法对数据库的数据加密以及安全保护，从而有效地促进商务活动的顺利开展。同时，电子商务中的卖家与买家能够借助计算机网络技术进行在线交流。企业也可以借助计算机网络技术来实现企业合作伙伴、相关供应商、消费者以及企业自身的有效信息沟通，电子化的企业业务流程运行模式能够最大程度的为企业带来客观的经济效益。

二、电子商务运行过程中的安全隐患

信息窃取。在电子商务交易的过程中，若用户不使用有效的加密技术对自身的信息进行保护，那么用户的信息在交易的过程中就会以明文形式出现在交易网络中。当黑客侵入路由器或者是网关的时候就会将用户的信息截取。入侵者对截取的信息进行深入的分析，能够找到信息中存在的规律，进而真正得到传输的信息内容，用户的信息将会出现泄漏。而造成电子商务运行过程中信息窃取问题的根本就是用户使用加密技术不够成熟或者是加密过于简单。

信息篡改。当入侵者对用户的信息进行窃取的基础上对用户的信息进行更深层次的分析，寻找到信息中存在的规律，随后借助各种方法以及技术手段，更改网络上传送的信息数据，随后将更改过的信息发往信息的原始目的地，实现篡改信息的目的。

信息假冒。当入侵者彻底料及信息的数据格式以及规律之后就可以实现对用户信息的随意更改。在这种情况下入侵者可以假冒合法的用户发出假冒的信息，进行欺诈性交易，进一步导致用户交易数据出现无法弥补的损失。

计算机病毒。计算机病毒是自计算机发明以来一直笼罩在用户头上的噩梦，一旦计算机感染了病毒将就会清空计算机硬盘信息、掐断计算机网络，甚至将一台计算机变成病毒的源头，开始向其他的计算机进行传染。这种计算机病毒其实是一种人造的病毒形式在用户不知情或者是未经批准的情况对计算机硬件以及软件进行入侵和改变，破坏计算机的重要功能，将计算机中的信息资源进行篡改、盗取，计算机的正常运行受到了严重的影响，对用户形成严重的损失。

三、电子商务中计算机网络安全技术的应用

智能化防火墙技术。借助智能防火墙，能够实现在计算机程序中有效、准确地判断病毒，并且借助决策、概率、记忆以及统计等方法识别相关的数据。智能防火墙在应用的过程中不会对任何用户进行访问，当计算机中出现不确定性的进程对网络进行访问时才会协助用户进行处理。当下很多用户在拒绝服务攻击时都会选择使用智能防火墙，相较于传统的防火墙有着明显的差别，智能防火墙并不是每当出现对网络进行访问的进程都会向用户进行访问，由用户决定是否放行，避免用户面对这些问题出现迷惑或者是难以自行判断的问题，最大程度规避了因为用户误判对计算机中其他正常程序造成无法运行的问题。

数据加密技术。智能防火墙毕竟属于一种相较被动的防御性计算机网络安全技术手段，相较于传统的防火墙有了质的改变，但是，依然存在很多方面的不足，面对电子商务中的不确定性以及不安全性难以真正做到有效的防御和打击。而数据加密技术则有效地弥补了智能防火墙中存在的不足。当下电子商务运行过程中普遍采用的技术就是数据加密技术，在进行贸易的过程中双方能够在密码初步交换的时候对数据进行加密，通常采用对称加密以及非对称加密两种方式，真正实现交易双方信息交换的安全性。

密码协议。密码协议的安全性对于计算机网络安全技术来说毋庸置疑，目前被开发出

的密码协议有很多形式，但是，很多刚刚发表的密码就因为其在的漏洞被发现。然而造成密码协议失败有很多种原因，最普遍的原因是因为设计人员没有完全研究透彻安全需求的正确理解，因此设计出来没有足够分析的安全性不足的协议，就好像密码算法一般，证明其安全性比证明其不安全性困难得多。为了密码协议的安全性，我们通常都会对实际的密码协议进行攻击性测试保证其安全，我们会对密码协议的本身、算法以及所采用的密码技术进行交错攻击，用测试性攻击来进行安全性测试，对出现的问题进行修改或者重新设计。

通常密码都会在确保足够复杂的基础上来抵御外来的交织攻击，此外在密码协议的设计过程中，要尽最大可能保持密码协议简明易记使用，保证其可以在低层的网络环境中得以适用。如何才能设计出满足公平性、完整性、有效性、安全性需求的密码协议是当下急需探讨的问题。采用随机一次性数字代替，人们为了确保密码协议的安全性会在众多的密码协议中采取同步认证的方式，也就是说需要保持在一个时钟下进行各实体之间的认证。在通常的网络大环境下，要同步的时钟这样保持下去并不难，但是在某些网络环境不好的情况下使用起来将会非常麻烦。因此，采用异步认证的方式，尽可能地将一次性随机数的方式采用在密码协议的设计中，从而有效地解决这一问题。

计算机网络技术的发展，不仅让相关领域取得了非常大的进步，同时，衍生出很多新型的行业领域，电子商务就是一个建立在计算机网络技术上形成的一个新型行业，电子商务行业借助计算机网络技术应用的不断深入获得了更加广泛的发展空间。但是，在电子商务行业发展的过程中，电计算机网络技术的安全问题始终是一个突出的问题，现阶段亟待解决计算机网络技术中的安全问题，为电子商务行业营造一个良好的环境。在计算机网络技术以及网络安全技术广泛应用的大潮之下，计算机网络安全技术将成为电子商务行业发展的主要动力，必将为电子商务行业带来更加广阔的发展前景。

第六节　网络信息安全技术管理与计算机应用

随着互联网技术在人们生产活动和日常生活中的广泛应用，给人们生活带来便利的同时，也存在着网络信息安全问题，造成人们隐私信息泄露，甚至给对国家信息安全带来威胁，因此，建立安全的网络信息环境非常重要。本节就对网络信息安全技术管理方面的问题展开简单地叙述，研究网络信息安全技术管理在计算机中的应用。

网络信息安全技术主要是用于防止系统出现漏洞，或病毒黑客入侵，对系统安全造成影响的一种技术方法。随着互联网的普及，给人们生产生活带来便捷以外，同时也存在一些潜在危险，比如，电脑病毒、木马或信息被盗等会对人们的财产安全信息造成威胁。近年来，随着网络信息技术应用范围越来越广泛，人们对信息安全更加重视。因此，本节就网络信息安全技术管理的计算机应用进行简单的探讨和研究。

一、网络信息安全的风险因素分析

计算机技术和互联网技术是相辅相成的，在计算机使用中需要通过互联网技术来实现信息输入和输出工作，其中也包含了重要的信息及商业机密等，和人们的财产安全甚至是生命安全紧密相关。计算机网络信息安全常见的风险因素包括计算机病毒、木马、黑客攻击等。

其中计算机病毒是在计算机使用过程中，打开或下载部分网页时出现捆绑软件，而这类软件可能会携带病毒，入侵计算机系统。同时，这些病毒还会自我复制，对计算机密码进行破解，虽然现在计算机中大多有安装杀毒软件，但新型病毒难以通过杀毒软件检测得到。木马也是威胁计算机网络信息安全的一种常见风险因素，可以通过木马程序来抓取计算机中的个人隐私及相关信息，甚至会被用来窃取商业机密，造成重大财产损失。网络黑客会通过程序攻击计算机，比如，通过软件更新来攻击计算机系统，造成信息丢失或计算机瘫痪。

二、网络信息安全技术管理在计算机中的应用策略

从目前来看，我国在网络信息安全方面还存在着一定的问题，比如，缺乏科学有效的网络信息安全管理技术和管理制度等，部分单位或用户还缺乏网络信息安全防护意识，在计算机使用过程中没有做好安全防范处理，比如，随意浏览或下载未知来源的网页或程序，从而给计算机及信息安全带来隐患。因此，网络信息安全技术管理在计算机中的应用策略需要包括以下几点：

建立健全网络信息安全管理制度。网络并非是法外之地，要确保网络信息安全，首先就需要确保有完善的制度保障，各部门应加强对网络信息安全管理工作，建立健全信息安全管理制度，包括信息安全管理，针对网络信息安全建立应急预案，从多个方面做好计算机网络信息安全。另外，还要做好硬件防控工作，对计算机硬件设备需要加强日常检测，对常用网站以及用户做好病毒检测工作，加强对网站中的病毒排查，建立完善的信息安全系统，做好系统漏洞补丁。

加强计算机技术安全管理防范措施。通过技术手段加强计算机技术安全管理，通过信息加密技术，对用户及网站中的重要信息进行加密处理，比如设置安全通信协议，设置访问控制登录口令等，从多方面加强密码控制管理，降低计算机网络信息安全风险隐患，可以有效避免一部分网络黑客或病毒入侵。在计算机使用过程中，需要强化网络信息排查，对外来软硬件及客户端进行检测，通过信息处理技术和恶意程序监测手段加强对互联网中的信息安全防护，做好系统功能升级，同时，严禁内外网混用等情况，及时修补系统漏洞，对系统中的重要信息需要做好备份，避免出现信息丢失。

信息安全管理技术防控。大部分用户在使用计算机的过程中都会安装杀毒软件，通过软件对电脑中的病毒进行检测并处理，但病毒形式多变、种类多样，很多病毒的隐蔽性较强，因此，还可以通过防火墙技术来加强网络信息安全保护，使用代理服务，设置数据进

行过滤，加强对网络信息管控力度，避免病毒入侵系统。最后，也可以通过使用病毒技术来实现对网络信息的安全防控，计算机病毒具有易传播性，可以通过网络从一台计算机设备传播到其他设备中，传播范围广，因此，可以通过使用病毒技术构建计算机软件和硬件的安全防控体系，组织其他病毒入侵系统，同时定期加强对系统的病毒排查。

在计算机使用过程中，网络信息技术安全管理具有极其重要的现实意义，做好对计算机网络信息的安全管理。通过完善的制度防控和技术管理措施，做好信息安全事件的应急处理预案，将信息安全危害降到最低，从多角度、全范围对计算机系统进行信息安全防控，避免病毒、木马或黑客入侵。为保障计算机正常运行，用户在计算机使用过程中需要不断提高信息安全防范意识，加强对网络信息安全的重视程度，不给病毒留下入侵或传播的机会，切实保障个人信息安全。在各企业及各部门中，也需要加强计算机专业方面人才，对企业中的计算机硬件设备及软件做好定期病毒监测，严格保障信息安全工作。

第七节　虚拟专用网络技术对计算机网络安全的应用

在信息技术蓬勃发展的前提下，互联网技术和计算机技术对人们的生产和生活产生了积极的影响，也使得计算机网络技术的重要性得到了凸显。目前，一些不法分子利用网络信息系统中的漏洞进行犯罪，从而导致重要信息被窃取鉴于计算机网络系统安全的重要性，部门工作人员必须从思想上提高对这个问题的高度重视，以此提升计算机网络技术的安全性。本节以计算机网络信息系统为研究对象，主要对虚拟网络技术在计算机信息安全中的应用进行详细分析。

虚拟专用网络技术是计算机网络中的一个重要组成部分，不但影响着计算机存储信息的安全性，而且还对计算机网络环境的构建产生影响。随着科技的进步，计算机网络信息安全存在的风险也在增加，虚拟专用网络技术提供了一个虚拟的网络环境，让人们可以灵活的虚拟连接互联网，保证信息、数据的安全传送。

一、虚拟专用网络技术分类

加密技术。在所有的虚拟专用网络技术当中，加密技术是最为核心的技术之一，主要就是用来保护计算的系统以及存储装置中的数据和资料。另外，这种加密技术也能够保护隧道技术，虽然其作用的程度十分有限，但是也是不能够缺少的一个环节，假如没有这个精密的加密技术，那么计算机中的数据、系统和设备操作都不能够得到保护，而那些黑客分子、不良的网络用户，很轻易地就可以入侵到用户的计算机当中，窃取用户的重要资料，比如个人隐私、银行卡密码等数据和信息，为用户带来很严重的经济损失。现在，网络犯罪问题还是十分常见，很多电脑技术人员都通过使用网络进行犯罪，通过网络窃取别人的钱财十分方便，在这种不安全的网络环境中，虚拟专用网络技术中的加密技术有了很大的发展，现在已经是一种不能够缺少的技术。

隧道技术。隧道技术也是虚拟专用网络中的一个核心技术，主要是就是将网络上的数据资料变成压缩包，压缩包中的数据量比较少，通过这种方式进行传播，能够防止出现个别、零散的数据传播，这种技术也有一定的优势，就是可以防止数据出现丢失或者被窃取的问题。在现在的技术条件下，几乎不存在绝对安全的网络信息通道，所以应该加强对网络信息安全隧道技术的发展，将每一个局域网中的数据都进行打包，或者重新进行包装，将那些零散的数据进行重新封装，可以更好地保障数据的安全性，然后再让这些数据在互联网中进行传播。

二、虚拟网络技术在计算机网络安全中的应用特点以及趋势

虚拟安全技术特点分析。在计算机技术蓬勃发展的前提下，虚拟化的网络安全技术目前在信息存储、信息管理，企业通讯等多个方面都得到了广泛应用，并在确保信息安全的基础上，大提升了人员工作效率。比如，某管理人员加强对虚拟化网络安全技术的高度重视，并及时对管理方式进行科学的改进和创新，以此方式有效降低了人员工作强度，另外也更好解决了用户在线路铺设工作中遇到的问题，最大限度减少了企业信息载体投资，避免了成本浪费，为实现企业经济效益最大化奠定了坚实基础。从目前虚拟化网络技术应用工作看来，在竞争日益激烈的市场环境下，这种技术具有非常广阔的发展空间。

虚拟网络技术发展趋势。社会不断发展，使得我国企业和单位都呈现出信息化发展趋势"，同时，有效扩展了信息技术的应用空间，再加上信息技术迅速发展，虚拟网络安全技术逐渐成熟，同时，具有安全性、准确性、稳定性等特征。工作人员为了实现对网络信息的进一步保护，管理人员要求员工积极学习更多的现代化技术，掌握虚拟技术，尤其是加强对防火墙以及复合型网络设备的高度关注，这使得虚拟网络技术在今后发展的道路上将面临更大挑战。

三、计算机网络信息安全中虚拟专用网络技术的应用分析

计算机网络安全信息中虚拟专用网络技术的应用特点。程序简单高效、降低工作量和工作强度、构建投资成本少以及操作简单便捷是计算机网络安全信息中虚拟专用网络技术的主要应用特点。在计算机网络安全信息应用中，虚拟专用网络技术的应用范围十分广，各类信息储存、管理以及数据库、企业通讯中都会使用到此技术。此技术能够凭借自身的优势适应日益激烈的市场竞争的需要，因而其发展前景较好。

MPLS 虚拟专用网络技术在计算机网络信息安全中的应用。在宽带 IP 型网络的数据传输过程中，利用 MPLS 虚拟专用网络技术能够有效提升网络性能的安全性，并利用差别服务工程技术和流量式工程技术提高网络运行的稳定性。MPLS 虚拟专用网络技术在使用过程中需要遵循建立分层服务提供商、建立虚拟专用网络技术信息通信以及完成信息传输过程三个步骤。这三个步骤有使用顺序的差异性，如果不按照顺序应用，便达不到预期效果，影响 MPLS 虚拟专用网络技术功能作用的发挥。

远程分支与企业部门中的应用分析。在企业各部门间，其会大量使用到局域网，虚拟局域网是企业各部门相互应用的统称。虚拟专用网络技术为了实现企业信息的安全共享，便会通过计算机技术将各分支部门的局域网连接起来，在企业正常运转的同时进一步拓展其影响力，提升企业的发展水平并优化其网络信息安全结构。

如上所述，虚拟网络技术已经在计算机网络安全中发挥出了非常重要的应用效果，在科学技术迅速发展前提下，目前它已经得到了广泛应用。鉴于隧道技术、加密技术、以及身份认证技术的优越性，工作人员一定要自觉学习更多的现代化信息技术，全面掌握虚拟安全技术。在此过程中不仅要提高对自身工作的高度重视，还要强化虚拟网络系统管理，以此将计算机网络技术优势得到充分发挥。

第八节　网络安全协议在计算机通信技术中的应用

计算机网络突飞猛进的发展与进步，促使其已经成为社会的关键性要素，不但推动了社会的发展，还便捷了人们的生活，但是不可避免地出现了诸多的信息安全问题，如信息被非法盗用等。网络安全协议在保护信息安全方面发挥重要作用，能够用户提供一个良好的网络氛围，有效的规避信息被窃取等现象的发生，尽可能地保障信息质量。因此，首先概述了网络安全协议，然后对计算机通信技术的网络安全问题进行探讨，最后，介绍了网络安全协议在计算机通信技术中的实践运用。

一、网络安全协议概述

网络安全协议对于维护信息传递的安全发挥着十分重要的作用，本节从如下方面对网络安全协议进行详细介绍。

具体内容。网络安全协议包含了多个层次的内容，主要是指为充分保障信息的安全，将多个程序融合在一起构建一个全新的程序。所以，网络安全协议的内容呈现出多样化的特征。网络安全协议是网络安全运行的基础，是构建安全网络的核心技术。此外，网络协议之中势必还存在一些不合理的程序，设计人员要对其进行修正和调节进而保障其顺利实施。同时，网络安全协议还涵盖了设定详细的保护目标，所以，站在某种角度来说网络安全协议具备一定的目标属性，也就是必须要完成其所要承担的使命和目标。

应用目的。网络安全协议具备明确的应用目的。由分析可知，网络安全协议的最终目标在于保障网络的安全性，促使信息能够在一个安全的环境之下进行传播。这也说明了安全协议在实际中发挥着增加信息系统安全等级的作用。网络安全协议由于其自身的功效以及属性能够在维护网络安全方面发挥着重要作用，解决现在面临的众多安全问题，在一个安全的条件下实现信息的传播与共享。

协议种类。网络安全协议的种类众多，可根据计算机网络存在的安全风险采取必要的措施增加安全防范等级，为网络安全环境打造一个良好的环境。从整体的角度来看，诸如，密码协议等类似的网络安全协议比较繁杂。协议技术人员站在不同的角度便会有不同的类型，站在 ISO 层级的立场上协议可以分为底层协议和高层协议等，站在功能的立场上可以分为身份认证协议等类型。即便划分种类的角度存在差异，但是，只要划分了某种具体的类型，该网络协议都具备其特有的特点以及性质，但是，不可否认的是其也不避免的存在自身的优势与不足。

二、计算机通信技术的网络安全问题

国内的计算机技术得到了突飞猛进的发展与进步，在各个领域发挥了卓越的成效，但是依然存在某些突出性问题，具体表现在如下方面。第一，技术人员的专业技能存在明显的差异。计算机网络技术不但要求技术人员具备丰厚的理论知识，还需要其拥有一定的实践经验，对于实际操作有着严格的要求。然而，我国的实际情况便是技术人员的技能有待提高，实际操作水平存在巨大的差异，网络技术的发展缺乏大批的优秀人才，不利于网络技术的发展。第二，并未建立一套完善的安全防护系统。随着我国各个行业以及计算机技术的发展和进步，病毒入侵等问题也在频繁发生并且呈现出愈演愈烈之势。互联网在多个领域得到了普遍运用，其安全问题也因此影响到各个方面。假如发生安全故障，将极可能造成十分恶劣的影响。第三，缺乏健全的管理机制。我国现行的管理机制存在诸多的问题，假如一直以追求经济效益为最终目标，不能够对网络安全产生足够的重视，将极可能造成不利影响。

三、网络安全协议在计算机通信技术中的实践运用

经过对网络安全协议的探索，可知其在通信系统中发挥着十分关键的作用，如果其能够实现科学的实际应用，将会为保障网络安全发挥重要作用，营造一个良好的网络技术环境，并推动各个产业的发展。

网络安全协议的攻击性检测。近年来，网络安全问题频繁发生并且人们对于网络安全有了更加严格的要求。在此背景下，众多形式的网络安全协议应运而生。无论是何种形式的网络安全协议都能够发挥保障信息安全的作用。但是，假如网络安全协议不能够发挥其实效，将会产生多种形式的安全威胁，甚至对社会造成不良影响。所以，网络安全协议在正式工作之前有必要对其自身以及整个网络环境进行一个完整的检测，最大限度地保障信息的安全。在实际中运用最多的便是攻击性测试技术方式，能够最大程度的对密钥等进行检测；能够及时地发现安全隐患并立即处理，充分保障了安全协议的实际效用。攻击性测试技术对于安全协议自身也发挥着至关重要的作用。技术人员要结合于实际有效利用攻击手段尽可能全面的保障测试工作的进行，唯有如此方能够保障整个安全环境都能够得到有效检测，识别存在的安全漏洞并进行消除，改进现存的网络安全协议，保障系统的顺利运行。

网络安全协议的安全性检测。网络安全协议的大范围运用和普及不但提升了信息的传输的安全性能，还保障了信息的有效性和完整性。但是，在现实之中，网络安全协议有着

一个十分明显的不足便是技术人员并没有站在实际需求的基础上对其进行设计，不能够匹配于具体的安全要求，可能会导致安全协议难以发挥作用，使得整个系统产生产生漏洞，造成信息丢失等现象。因此，在网络通信中，网络安全协议必须要立足于实际实施网络安全性检测工作。在此基础上，技术人员能够技及时有效地发现系统中存在的安全问题并迅速解决，保障整个系统在一个安全的条件下运行。

运用实例。信息化调度系统运用了网络安全协议对其安全进行防护，并且发挥了突出性的成效，保障了系统的稳定运行，是网络安全协议实际运用的一个典型的案例。一般信息化调度系统包含两台交换机，并且在交换机的工作站上都添加了冗余网卡，网卡的数量为两块，为交换机之间的信息交流创造了一定的条件。为保障其信息交流之中的信息安全，在各局域网制之间增加交换机或集线器。此外，必须要保障其性能良好。网络通信的通道主要是迂回、双环的高速数字通道，并且建立了数个通信道站，同时在其相互交叉的位置构建了一部分的路由器，为信息的安全传输又增加了一道屏障。在此之中，一般运用的是TCP/IP类型的安全协议，在IPSEC安全保密技术的基础上认证CHAP的身份。这种方式不但能够增加系统的安全性，还能够提升信息传输的效率。

随着信息技术的进步，网络和人们的生活已经密不可分。信息安全对于计算机网络发展是特别重要的，社会各界必须要对其重视起来。网络安全协议能够保障信息安全，因此，计算机通信技术必须要在其指引下工作。

第九节 计算机信息管理安全在网络安全中的应用

本节立足于现实，对计算机信息管理安全及网络安全进行了概述，分析了计算机信息管理安全在网络安全中应用的必然性及其在网络安全中的应用实践，对计算机信息管理流程中易发生的问题进行了分析。进而提出了加强对计算机使用人员风险意识培训，完善计算机信息管理制度，发展加密传输技术，进一步完善计算机信息管理安全模型等等策略以进一步加强计算机信息管理安全。

二十一世纪是属于计算机科学的时代，随着计算机科学与技术的飞速发展，生产力得到了本质上的飞跃，信息交流得到了极大的发展，全世界都依凭着计算机与网络，紧密的联结在了一起，成了你中有我我中有你的世界化格局。随着计算机科学与网络信息技术的不断发展，计算机信息管理安全与网络安全成了焦点问题，被越来越多的计算机科学技术方面的专家关注、重视，因此，本节对于计算机信息管理安全在网络安全中应用实践的探讨具有重要的现实意义。

一、计算机信息管理安全及网络安全概述

要对计算机信息管理安全与网络安全相关问题进行探讨，对于计算机信息管理安全及

网络安全相关概念的认知是探讨的基础。

计算机信息管理安全概述。计算机信息管理，是一门计算机科学与管理学所交叉的一门交叉学科，更侧重于计算机技术，是以管理学理论为工具从而将计算机信息数据进行相应管理的一门学科，而计算信息管理安全，则是指以保证数据安全为前提的计算机信息管理工作。

网络安全概述。网络安全是一个较为新兴的概念，是指网络系统所相关的一切硬件软件及数据信息不因为各种偶然或者故意破坏所造成的数据遗失、数据篡改、数据泄露等等情况，且保证网络正常秩序与效率运行的相对网络状态的称呼，便是网络安全。

二、计算机信息管理安全在网络安全中应用的必然性

计算机信息管理安全在网络安全技术中有着不可取代的地位，是计算机科学与技术发展的必然，对于这种必然性的了解是开展计算机信息管理安全与网络安全相关问题的认知前提。

时代发展的必然性。二十一世纪，是一个计算机的时代；是一个网络的时代；是一个大数据的时代，各类计算机信息数据的重要性更胜从前，加强计算机信息管理安全与保证网络安全是时代发展的必然。

技术发展的必然性。随着计算机科学技术的不断发展，人们对于网络的开发和利用更胜从前，为了保证信息数据的安全，进一步加强计算机信息管理安全与网络安全是技术发展的必要。

社会需求的必然性。计算机的普及化，对于全世界的方方面面影响是革命性的，越来越多的计算机信息数据与政治、商业、科研相关联，就显得至关重要，而随着受过计算机科学及相关技术的受教育人群的扩大，越来越多的黑客也因此诞生，黑客以盗贩信息数据等违法形式谋求利益，要抵御黑客，保证计算机信息管理安全与网络安全显得尤为重要。

三、计算机信息管理安全在网络安全应用实践分析

计算机信息管理技术在网络安全的维护中已然扮演了一些重要的角色，在一些关键信息的安全管理上所发挥的重要作用，对网络安全的维护做出了巨大的贡献。对于这些实例的分析有助于我们进一步明确计算机信息管理安全技术的发展方向，为未来指明道路。

系统访问控制与管理安全。主要是在对于信息数据享有者与信息数据使用者的管理，主要是被用于确认和筛选数据访问者的权限，对于权限不足者坚决不准许其使用相应的数据文件。但是近些年的发展已然发现传统使用用户名进行登录使用的方法已经落后于时代，找到解决办法是我们当下的重点课题。

数据信息的安全监测管理。简而言之，就是对于数据本身安全性以及所处网络环境安全性的监测与管理。最为常见的就是市面上五花八门的杀毒软件以及防火墙软件，这些都是对计算机信息数据的安全以及其所处环境安全进行监测，并第一时间提供反馈以及处理手段的一系列安全监测管理的软件，是网络大环境安全的主要维持者。

四、计算机信息管理安全中存在的问题

计算机信息管理有一个较为固定的流程，在每个流程间都存在着一些可能出现的问题，对于这些问题的发现于分析，对于加强计算机管理安全从而确保网络安全有着重要的现实意义。

计算机信息管理及网络安全意识淡薄。部分计算机使用者的计算机信息管理安全及网络安全意识极为单薄，常常会在打开不安全网站的同时浏览重要文件，或者在未确定网络安全及计算机安全状态的情况下就随便插入输入设备，暴露信息，这些都是由于操作人员在细节上的疏忽所造成，提高计算机使用者的信息管理及网络安全意识显得尤为重要。

计算机信息管理安全技术落后。我国的计算机信息管理安全技术在一定程度上与发达国家仍然存在着一些差距，这些差距是由于设计思维与技术水平所限制，很客观，需要计算机信息安全管理工作者能够意识到其重要性，从而构建以各种防护软件为核心的计算机信息管理安全体系，更需要相应技术的发展，才能够标本同治，保证我国计算机数据信息的安全与网络安全。

互联网全球化背景下黑客的增多。随着世界经济全球化发展，以及社会的发展，越来越多的人接收到了与计算机相关技术及知识的培养。在这个大背景下，越来越多具有精湛计算机技术及网络技术的黑客出现，黑客从事非法窃取数据、倒卖重要资料、非法入侵电脑等行为，严重影响了网络安全以及计算机信息安全。而在当今互联网全球化背景下，黑客对于互联网的影响更是空前绝后，防范黑客是计算机信息管理安全所必须要达到的重要技术目标。

五、加强计算机信息管理安全的策略

针对上述计算机信息管理流程中容易出现的问题，我们可以在科学思想指导下，结合我国计算机科学发展现实，参考发达国家的计算机信息管理安全方法，结合我国国情，实事求是的制定出最为切合实际，能够真正解决问题的应对策略。

加强对计算机使用人员风险意识培训。计算机信息管理安全，不单单是一件技术上的操作，更多的是一些与计算机使用人员风险意识息息相关的细节，例如，在使用一些相对需要保密的信息文件前，要首先确保所使用的电脑中未被安装非法插件、木马、病毒等等。要确保计算机信息安全，不要同时浏览一些安全性不明的网站，从而从细节方面避免计算机信息的泄露，从而加强计算机信息管理安全提高网络安全。

完善计算机信息管理制度。完善计算机信息管理制度是从源头上保障计算机信息管理安全的重要手段，是真正标本同治方法。要优化和规范化、流程化计算机的使用，对于非许可用户要坚决禁止其使用相关的进入和操作，此外，还要保证对于计算机外部输入设备的使用规范，要进行相应的保护手段。最后，还应该定期进行数据信息安全性的检查，对于发现的问题及时解决，从而确保能够完善计算机信息管理制度，促进网络安全的发展。

发展加密传输技术。加密传输技术也是计算机信息管理安全中不可缺少的一环，对于

关键信息的加密及加密传输，可以在一定程度上有效地阻止黑客的入侵，可以使重要的数据信息得到较好的保护，提高计算机信息管理的安全性，从而维护好网络数据信息安全大环境。

进一步完善计算机信息管理安全模型。要完善计算机信息管理安全模型的建设，这是一种效率极高的保障计算机信息管理所处网络环境相对安全性的重要手段。利用计算机信息管理安全模型，可以有效地提高计算机信息管理的效率与安全性，在计算机领域，这门较新的技术已经成了行业关注的焦点。虽然囿于技术水平的局限性，我国的计算机信息管理安全模型的建设仍然存在着一些较为严重的问题，但在行业的高度重视中，发展出完善高效的计算机信息管理安全模型指日可待。因此，保证计算机信息管理安全及网络安全，建设计算机信息管理安全模型势在必行。

网络时代的到来，让我们意识到了网络的便捷性，也同时意识到了网络的危险性，稍有不慎，就将要承受信息泄露的严重后果。计算机信息管理安全技术的发展与网络安全环境的变化，决定了对计算机信息管理安全与网络安全相关课题的研究必将成为热点，计算机信息管理安全与网络安全息息相关，是保证网络安全的重要技术保障。对于计算机信息管理流程中可能出现的相关问题的分析和解决，可以有效地提高计算机信息管理的安全性，为维护网络安全奠定下坚实的技术基础。

第八章　计算机网络安全实践研究

第一节　计算机网络信息的安全维护思路构架实践

随着科学技术的快速发展，计算机网络的普及程度也不断提高，在计算机网络的运行过程中，网络信息安全是人们关注的重点问题。因此，为了保证计算机网络信息安全，必须做好安全维护工作，提高网络信息的安全性，保证计算机网络的安全运行。想要实现这一目标，需要明确影响网络信息安全的因素，采取针对性的安全维护措施。本节对影响计算机网络信息安全的因素进行分析，探讨计算机网络信息的安全维护思路。

一、概述

在计算机网络技术不断发展的过程中，网络信息安全问题受到了更多人的关注，在计算机网络的应用过程中，一旦出现信息安全问题，就会造成用户的数据信息损坏或丢失，造成巨大的经济损失。为了妥善的解决这一问题，需要重视网络信息安全维护工作根据影响网络信息安全的因素采取针对性的维护措施，有效地提高网络信息的安全性，保证计算机网络的正常运行，充分发挥计算机网络的作用，为用户提供优质的网络服务。

二、影响计算机网络信息安全的因素

在计算机网络的运行过程中，影响网络信息安全的因素主要包括以下几个方面：

网络病毒及黑客的攻击。在计算机网络的运行过程中，网络病毒及黑客的攻击是影响网络信息安全的重要因素，一旦计算机受到黑客攻击或感染病毒，就会存在严重的安全隐患，对信息安全造成极大的威胁。一些黑客掌握了高端的计算机网络技术，可以通过技术手段在未经过允许的情况下登录网络服务器，对正常的网络信息造成不利影响，盗取网络用户的重要信息，为用户带来巨大的损失。与此同时，网络病毒同样会对网络信息的安全性造成严重的威胁，一旦计算机感染病毒，就会对网络信息的安全性造成严重的危害。随着计算机技术水平的不断提高，网络病毒的技术含量也不断提高，并且发展出更多的种类，对其进行识别的难度也随之增加。目前，大部分的网络病毒能够悄无声息的入侵计算机，网络用户在浏览网页、下载文件的过程中都有可能使计算机被病毒入侵。一些病毒具备自启动功能，能够潜伏在计算机的核心位置，造成计算机系统文件或关键程序损坏，导致无

法正常使用。此外，还有些病毒能够利用计算机程序，获得计算机的控制权限，严重影响计算机的数据传输，提高了计算机网络信息安全管理难度。

计算机存在安全漏洞。在计算机网络运行过程中，如果计算机存在安全漏洞，就会造成网络信息存在严重的安全隐患。因此，在网络信息安全管理工作中，不但要对黑客与病毒进行防备，而且需要重视计算机系统的安全性，避免其中存在安全漏洞。计算机主要由硬件系统与软件系统两大部分构成，其中软件系统中经常会出现安全漏洞，这些漏洞可能会被不法分子利用，入侵到计算机中。在计算机传输数据的过程中，如果没有考虑到传输信道的安全问题，就会造成网络协议中存在安全漏洞。与此同时，如果在 CPU 操作过程中出现问题，就会出现隐性通道，对网络信息安全管理造成不利影响，导致计算机安全性降低。这些问题都会影响网络信息的安全性，容易造成重要信息的泄漏，并且增加网络故障的发生。

网络信息安全意识不足。随着计算机网络的广泛应用，为人们带来了更多的便利与乐趣。在人们享受这些计算机网络带来的改变时，存在网络信息安全意识不足的问题，导致计算机网络信息安全性受到极大的影响，用户的重要信息被窃取，严重时会带来一定的经济损失。一般情况下，网络信息安全意识不足主要体现在以下几个方面：第一，人们在使用计算机网络的过程中，没有按照正确的规范进行相关操作，无法对网络安全系统进行检查，安全软件不能及时更新，这些行为都会影响网络信息的安全性，造成重要信息泄露。第二，我们在使用计算机工作的过程中，经常会使用一些移动存储设备，用于数据的复制与传输，如果这些移动存储设备中带有病毒程序，就会造成计算机感染病毒，威胁网络信息安全性。第三，一些网络用户具有一定的信息安全意识，为计算机中的重要程序或文件设置密码，但设置的密码相对简单，甚至所有的密码都是一致的，这样设置密码容易被人破解，造成网络信息的安全性降低。

三、计算机网络信息的安全维护思路

在计算机网络信息的安全维护工作中，需要采取以下措施：

提高人们的网络信息安全意识。在我们应用计算机网络的过程中，应尽量避免出现不规范的操作，要认真阅读计算机网络系统的使用要求，确定多有操作的规范与步骤。如果在使用网络的过程中遇到不确定的链接，不能随便点击进入，必须经确认后再进入。与此同时，在应用计算机网络系统的过程中，必须不断地提升自身的安全防范意识，积极学习安全防范技术，提高自身对网络信息安全问题的防范能力。

合理应用防火墙技术，提高网络系统防御能力。在计算机网络的运行过程中，应用防火墙技术能够对计算机进行全面的保护，避免受到网络攻击。为了有效地避免计算机在网络环境中受到黑客的攻击，需要加强安全防范技术的应用，合理的应用防火墙技术，对网络访问进行妥善的安全防护。通过这种防护措施，能够有效地避免不法分子通过技术手段入侵计算机，取得计算机的控制权、窃取其中的重要信息。与此同时，在计算机网络的运用过程中，应尽量避免浏览一些不安全的网页，防火墙会对此发出警报，对计算机内的重要信息进行妥善的保护，提高计算机网络信息的安全性。此外，防火墙技术的应用还能够对网络信息进行全面而严格的检查，有效地防止网络中一些不正当的数据传输。

科学的应用网络安全防护软件。在目前的计算机网络运行过程中，大多数网络系统中会安装网络安全防护软件，这些软件的应用能够保证计算机网络环境的安全性。在安装网络安全防护软件的过程中，需要为其配备合适的杀毒软件，对影响网络信息安全的因素进行全面的检查。在使用网络安全防护软件的过程中，需要注意软件之间的冲突问题，每台计算机中只能够安装一种网络安全防护软件。与此同时，为了充分发挥网络安全防护软件的作用，需要对其进行及时的更新与升级，保证软件具有良好的安全防护性能，全面的提高对计算机网络信息安全的防护能力。此外，在应用计算机网络系统的过程中，工作人员需要规范自己的操作与行为，并定期接受相应的培训，不断提升自身的网络信息安全防护意识。在企业单位应用计算机网络技术的过程中，需要根据企业的实际情况应用数据认证技术，对网络信息的访问次数进行严格的控制，进一步提高计算机网络数字认证技术水平，保证计算机网络系统的安全运行。

加强计算机网络日常监测工作。为了有效地提高计算机网络运行稳定性，需要加强计算机网络日常监测工作，同时，可以提高计算机网络信息安全维护水平。在对计算机网络进行日常监测的过程中，需要合理的应用入侵监测技术，对计算机网络运行过程中可能出现的被入侵以及被滥用的风险进行有效的识别。在目前的计算机网络日常监测工作中，应用的入侵监测技术主要包括统计分析法与签名分析法。统计分析法的原理是通过统计学知识对计算机网络在运行过程中的动作模式进行统计，以便掌握计算机网络中是否存在影响信息安全的不利因素。而签名分析法的原理则是根据以往计算机网络中曾经出现过的攻击行为以及网络系统存在的弱点进行区全面的检测。在这两种技术的应用可以有效地提高计算机网络运行过程的安全性。

总而言之，随着信息时代的到来，计算机网络技术水平不断提高，人类社会已经步入了大数据时代。在当前的社会发展阶段，计算机网络的应用与发展为人们的工作与生活提供了更加便利的条件。在这种形式下，为了充分发挥计算机网络技术的作用，促进社会的发展，需要重视计算机网络信息的安全维护工作，分析影响计算机网络信息安全的因素，提高人们的计算机网络信息安全意识，坚持正确的网络信息安全维护思路，采取针对性的网络信息安全维护措施，提高计算机网络信息的安全性，避免用户的重要信息被不法分子窃取，导致重要信息泄露。

第二节 局域网下的计算机网络安全技术实践分析

局域网作为互联网体系中的重要组成部分，也得到了广泛使用，其中包括银行金融、社区、学校以及企业之中使用的网络皆为局域网的具体体现，实现信息传输以及共享是局域网所存在的目标，进而业务效率得到更大程度的提升，不仅发挥着局域网的作用，更具备网络开放性的特点，因此，也时刻伴随着被病毒木马攻击的可能性，时刻威胁着局域网安全，万物都是相对的，计算机网络安全技术由此孕育而生，有效的保护局域网内信息安全，并防止遭到黑客攻击，为了能够进一步提高网络安全技术应用研究，还需要计算机科技人员不断努力。本节主要分析局域网下计算机网络安全技术实施办法。

互联网随着网络信息技术的不断发展也在不断革新，互联网安全性随着人们普遍使用也开始得到重视，不论是局域网还是广域网发展过程中，由于种种因素，对于局域网的安全性一直存在着直接或者间接的威胁。由此，对于局域网安全方面需要更加进一步的研究与分析，以当下实际情况进行深入分析，并制定具有针对性的安全技术措施，从而可以很好地保护网络信息安全，以此保障网络信息完整性、可用性以及保密性。随着科技不断发展创新，以及人们对计算机互联网认识度的提升，人们越来越重视计算机互联网的安全，所以此时此刻计算机网络安全技术研究便显得尤为重要。从实际出发，计算机互联网直接影响了客户应用，不但影响用户体验，还可能会对用户造成经济损失，甚而会影响到整个计算机系统的安全性以及稳定性。

一、局域网所面临的威胁

人们的生活工作已经离不开互联网，计算机也成为人们生活工作中的一部分，更多利用计算机存储信息、网上转账等。随着互联网计算机在人们生活中越来越普及对互联网信息安全开始重视，随着信息技术的不断发展与革新，不仅给人们的生活工作带来优质改变，同时也给计算机病毒带来隐秘性，从而让用户使用以及体验上遭到损害。本节将从以下几个方面来说说计算机互联网发展过程中面临的具体威胁。

（1）未合理、安全使用计算机。近些年计算机已经成为人们生活工作中的一部分，计算机应用也得到了相当大的普及。

有些用户虽然能对计算机进行简单处理工作中的事物，但是对于计算机中的技术并没有科学性的全面认识，对于安全使用计算机并没有完整的概念，对于一些隐秘或者重要的文件文档等，还没有时刻做到加密的习惯，这对重要文件造成一定的安全隐患。还有一些用户在使用计算机时，上传下载文件中并未用电脑进行病毒查杀，此时便会有病毒趁机而入，也给计算机安全带来一定安全威胁，甚至会造成数据丢失等问题，促使用户在使用过程中有较差的使用体验。

（2）计算机病毒威胁。对于互联网计算机威胁最大的自然是计算机病毒，新发展时期受到病毒攻击的可能性最大，而且不易察觉，并且很多病毒具备传染性以及复制性的特点，一旦被病毒攻击便会对计算机带来一定的恶劣影响。系统中的数据是计算机病毒普遍针对的对象，有时也针对系统发起攻击，使得整个计算机系统无法安全稳定运行，更有可能面临瘫痪无法工作，在计算机网络安全日益重视的当今计算机技术不断发展、提升直至能够保护计算机信息安全。但与此同时，病毒也在不断升级，有些新型病毒对计算机带来许多影响，其破坏力更大，由于计算机所使用的硬件以及软件对于病毒的抵抗力较差，如若被病毒入侵系统之中，用户便有可能造成不可弥补的经济损失，所以需要对计算机病毒引起重视，需要对计算机病毒进行深入研究，建立完善保护措施，促使把病毒预防在外或者及时杀灭。

（3）不健全的局域网管理导致的威胁。良好的网络环境时计算机网络发展的必要条件，对于此网络管理制度也需要较为严格进行制定，如此才能够安全保障网络信息技术稳定发展。我国局域网在发展过程中，对于局域网络安全并未引起重视，开展管理工作时，也并未对局域网络投入专项资金以及专业网络安全管理人才。除此之外，在局域网络环境下，完善计算机网络安全管理以及设备设施有一定的必要性，以至于确保计算机硬件设备以及网络设施及时更新提高其安全性。由此在局域网发展中，其中问题依然存在，这之中所存在的问题主要是基于网管理制度不健全，所以，需要以系统性、科学性态度与方式对局域网进行管理。

二、局域网基础上计算机网络安全技术应用路径

（1）重视安全培训工作。对于用户使用方面还需要进行全面普及，让用户明确网络安全的重要性，用户自主做到安全防护，杜绝病毒入侵，建立用户安全防护意识，促使用户掌握安全上网以及正确文件处理方式，明确备份以及储存的重要性，最重要的是让用户定期使用杀毒软件对电脑进行查杀。除此之外，计算机网络安全实际应用中，需要操作人员合规、合理进行操作，这边需要对操作人员进行岗前培训，培训主要为了操作人员能够在计算机网络安全中进行良好操作，操作人员专业性直接影响了计算机网络安全使用。当下由于局域网操作人员缺乏培训，整体职业素养相对较低，从而基本操作未能符合网络安全标准，以此便出现计算机网络很多不安全的因素。所以，操作人员培训需要着重加强，计算机安全技术需要从国内外先进技术中心借鉴而来，需要开展对操作人员专业知识学习定期且持续学习，使其能够处理工作中的问题，以此确保网络信息安全。

（2）制定科学的安全保护方案。制定科学安全的保护方案非常有必要，计算机病毒具有一定的破坏性，在实际操作中，计算机病毒不仅会对没有保护措施的计算机进行攻击，病毒还会对具备一定防护措施的计算机展开猛烈攻击，促使拥有保护措施的计算机丧失保护效果。如此一来，便成了没有保护措施状态，在没有保护措施状态下的计算机无法保障其正常运作，所以需要更加全面、科学的保护措施为计算机进行保驾护航，结合实际情况，建立安全保护系统，以此确保计算机稳定性以及安全性。这就需要操作人员掌握一定计算机安全处理技术，如防火墙技术、加密技术、病毒检测技术、入侵防控技术等科学防范措施，以此有效避免计算机受到病毒入侵。

综上所述，随着当下计算机技术持续高速发展，人们也更加偏向于使用计算机开展工作，生活中的方方面面也离不开计算机，局域网作为信息化互联网技术的分支，其安全性也不可忽视。由于局域网多在学校、企业、金融机构等重要部门中使用，其安全性更应该得到保障，由于局域网不只是在一个区域展开连接，同时，也会与外网进行连接，所以同样容易受到攻击，只有管理方面得到有效控制，制定有效规则，并且招募优秀管理人员，

并对其进行定期培训，建设完善安全的网络保护措施。由此才可进行全方面保护，但是就算这样也不可掉以轻心，因为病毒也是在不断升级，所以，操作管理人员也需要对保护措施进行完善并且升级，只有这样才能够有效地把病毒拒之门外，确保计算机运行安全。

第三节　计算机信息安全技术在校园网络的实践

随着信息技术的快速发展，我国校园网建设手段逐渐成熟。在教学、科研等活动中发挥着重要的作用，校园网发展的同时，校园网络安全问题也备受关注，影响到校园网的深入发展和运行，需要借助计算机信息安全技术，确保校园网络的安全稳定运行。本节主要探讨了校园网络实践中计算机信息安全技术的应用。

校园网运行和管理过程中，通常会遇到文件丢失、信息数据破坏、病毒传播、黑客攻击、信息被盗取、无法正常上网等问题，影响到师生正常教学活动的开展，甚至会造成学校信息资源的丢失等。因此，在校园网络安全建设和运行中，必须重视借助安全管理手段，做好安全防护，创建良好的网络环境。

一、计算机网络信息安全概述

计算机网络主要是通过通信线路，连接不同地理位置的功能独立的计算机及设备，以网络操作系统，软件等管理协调下，最终实现信息的传递和信息共享的系统。网络安全主要包括计算机网络系统中的硬件、软件及系统数据安全，不受到破坏、泄露更改等问题，确保系统正常运行。具体讲，校园网中计算机信息安全技术的运用，主要体现在以下几个方面：

物理安全。校园网建设中，物理安全主要体现在结合学校的实际情况，选择物理位置建设主机房，避免电磁场干扰，同时机房要使用防火防盗门，保证机房的防尘防潮等，机房供电系统强弱电系统要分开，创建良好的物理环境。

网络安全。网络安全主要是借助相关网络设备，确保数据传输和储存的网络环境的安全性。校园网络的发展中，需要根据具体情况划分子网，建立防火墙，减少外部网络的恶意攻击。网络安全还包括对网络系统中相关网络设备的运行状况、质量进行控制，及时发现异常情况。

主机安全。主机安全主要包括了服务器、办公设备系统等安全。具体包括校园网系统漏洞扫描和修补，并部署安全监控系统，对网络访问及网络活动进行分析和安全监控，侦察来自外部网络的安全威胁和违规操作。

应用安全。主要是在系统运行中，利用权限控制，识别用户权限和登录需求，记录用户的操作信息，加强对校园网中的权限管理。

数据安全。数据信息资源的安全性是确保校园网正常运行的基础，包括了数据访问、存储、传输等安全。根据系统身份认证和访问权限，鉴别用户身份、限制资源访问，禁止出现越权访问的问题，并利用登录密码及数据加密技术，做好重点信息数据的加密。

二、校园网络中常见的安全问题分析

黑客攻击。黑客攻击是校园网建设中常见的问题，因计算机系统本身存在一些漏洞，黑客会通过系统漏洞对校园网络发起攻击，并攻破其防护系统进入到服务器，篡改网站信息数据，或者是发布一些具有欺骗性质的信息，影响到校园网的安全建设。黑客攻击最常见的主要是信息炸弹、拒绝服务等手段。

网络病毒。当前信息技术的深入发展，病毒的种类也在随之增多，很多病毒具有隐秘性，难以察觉。校园网络建设中，受到病毒侵袭，会影响到系统的内存空间，影响计算机系统的运行速度，严重的甚至会因计算机出现恶意操控最终导致系统瘫痪等，给网络管理人员带来很大的安全维护难度。

三、校园网建设及运行标准分析

真实性。在校园网的运行中，主要采用实名制系统，即用户操作信息真实，用户在校园网操作后会在系统中留下痕迹，主要使用人群是学校的教师、学生和其他工作者。

可控制性。校园网络具有可控制性，能对系统运行中的不良信息和恶意操作行为进行调节和控制，更好地抵制不良行为对网络系统的影响。其可控制性具体体现在对校园网的日常管理，从而为师生创建良好的教育环境和网络资源环境，降低不良网络信息对学校建设发展的影响，确保整个校园网的安全稳定运行。

可靠性。校园网系统运行中，需要借助一定的技术和手段维护整个系统的安全可靠，在用户使用校园网中，能及时向用户提供其所需要的信息资源，并满足用户多样化的需求，这是校园网络运行的基本要素。

四、校园网建设中计算机信息安全技术的应用探讨

身份认证技术。要确保校园网的正常运行发展，信息安全管理人员需要应用身份认证技术，确保用户能正常操作，从而创建相对安全的校园网络安全环境，减少校园网中数据被随意更改的可能性。身份认证技术是保障校园网络安全的重要屏障，在技术条件的支持下，对校园网的运行和访问进行有效控制，用户如果需要通过校园网获取信息，需要在系统访问时输入自身的基础信息，在系统的认证统一后，才能进入校园网中。当前很多校园网中，都采用了身份认证技术，主要包括口令认证、生物特征认证等不同的认证方式，也有校园网推广中，师生登录校园网需要输入密码。身份认证技术是计算机信息安全技术在校园网中应用的最常见的方式。

入侵检测技术。入侵检测的应用，主要是对校园网建设中的非法操作和恶意信息进行提前防治。具体的技术应用中，是在计算机网络中安装关键节点，扫描校园网的系统运行状况，并对系统存在的漏洞进行分析，搜集相关数据，从而及时监测校园网系统中的违规

操作和违法行为，该技术的应用准确高效。在具体实践中，如果出现违法行为切入到校园网络系统中，监测技术能快速对信号来源进行判断，并及时上报给网络安全维护人员，在受到入侵信号后，能及时采取措施，加强安全防范工作，这样很大程度上提升校园网的安全运行力度，从而减少因非法入侵带来的损失。

防火墙技术。防火墙技术在校园网络建设中的应用也较为广泛，是对校园网中硬件、软件设备等进行防护，应用在校园网和外部网络之间，避免外来非法行为对校园网信息带来的威胁和破坏。高校安装防火墙系统，从而隔离一些不被允许的信息或者行为进入到校园网络中，从而提升网络安全的系数。同时，防火墙技术的应用，能有效对校园网的网络运行环境加以动态的监测，了解系统运行的状况，确保信息系统的安全。

数据加密技术。随着数据加密技术主要是对校园网系统中的重点信息或者是敏感信息进行加密处理，用户访问数据需要专用密匙，在校园网系统中，要重视数据加密技术的应用，确保信息的安全性。

第四节 电力系统计算机信息网络安全思路

本节简要论述了计算机信息网络安全给电力系统带来了的影响以及电力系统运行过程中，计算机信息网络安全问题的存在原因，最后，探索并实践了一些保障电力系统计算机信息网络安全的策略。

随着我国社会总体建设水平的快速提升，电力行业蓬勃发展，与此同时，人们越来越注重电力系统中的计算机信息网络安全性。电力系统的计算机信息网络技术涉及多个领域，例如，信息管理、数据库系统控制以及处理等，而且受到了电力系统内部部门大力推崇。不过，由于网络技术全球化的发展，计算机极易感染病毒，威胁电力系统的信息网络安全。因此，对电力低通的计算机信息网络安全进行探究十分必要。

一、计算机信息网络安全给电力系统带来的影响

现阶段，电力企业的计算机网络主要负责联系电力交易中心与用户，如果计算机网络感染病毒，不仅会影响电力企业内部安全，还会危害用户的利益。要想避免出现这种情况，必须对计算机信息网络进行安全保护。一些电力企业通过先进科学防护功能保护计算机网络，虽然可以起到一定效果，但并不足以预防病毒侵害。技术高超的黑客完全可以借助数据传输的长度、速率以及流量阻碍计算机信息网络运行，继而对计算机网络进行有效控制。

二、计算机信息网络安全的形成原因

计算机信息网络出现安全问题的主要原因有四点：其一，TCPHP 协议族构架之中存在安全问题，例如，用户口令通过明文形式在网络中传输，TCP 协议无法保证其传输安全。

其二，企业开发程序过程中，程序师普遍会留"后门"，不法分子一旦掌控这些"后门"，计算机信息网络将会受到极大的安全影响，甚至毁灭用户系统。其三，用户没有正确使用产品，降低了产品安全性，进而诱发计算机信息网络安全问题。

三、计算机信息网络安全应对策略

合理应用防火墙。对于计算机系统而言，防护墙属于保护非法攻击的重要系统，一般发现所传输的数据包不具有合法性，可以有效阻断，避免计算机遭受非法攻击以及黑客入侵。一般情况下，所设置的防火墙均会延迟信息传输时间，因此，为了保证系统监控具有实时性，可以安装实时防火墙组件，以此降低其延时性。

一般情况，均以 Internet 以及内部保护网链接点作为防火墙的安装点，此时的防火墙主要功能便是对外部网、内部网之间的访问进行有效管控，内部网、或是 Internet 中的所有活动，均会经过防火墙，这样可以有效避免计算机遭受内部网络中的攻击。

对防病毒系统进行合理化部署。现阶段，我国电力企业的计算机信息网络系统已经网络化处理了电力系统的一切业务，通过计算机信息网络，用户可以获取所需业务资料，而电力人员可以随时联系用户。基于此，电力系统的计算机信息网络应用频率非常高，极易受到邮件携带病毒的侵害，一旦病毒进入内部网络，便会大肆扩散，最终致使计算机系统全面瘫痪，不仅会给电力企业造成巨大损失，还会威胁相关用户。因此，电力企业要针对计算机系统，构建实施防护监控系统，例如，电力企业可以构建三级病毒防护系统，主要包括网关防毒、服务器防毒以及客户端防毒，对病毒非法入侵行为进行严格防范。

构建完善的安全管理制度。首先，针对电力企业内部的信息化工作，组织基层单位，或是相关职能部门，构建信息安全管理体系，例如，科技信通部、管理委员会等；其次，针对电力企业内部的人员管理、主机设备管理、网络设备管理以及机房附属设施、防静电地板、电池、电源、空调等机房其他设备设施，制定相应的安全管理制度；最后，对电力企业的管理人员、信息维护人员以及外来人员的操作范围、职责分工进行有效明确，制定外来人员视频录像监控以及登记制度，并对计算机系统维护人员进行操作技能培训，与终端用户签订保密协议等。

提高运行维护管理水平。电力企业需要设立一个独立运维部门，主要负责计算机系统的运维工作，例如，信息通信部门等，并明确划分各个基层单位、运维部门的维护界面，设立相应的运维安全管理条例以及措施，安全管理计算机的桌面终端设备以及网络设备，并对运维流程进行全面记录。

强化安全管理技术措施。定期评估全局网络设备的安全情况，并对网络设备的拓扑接受进行路由安全检测、端口安全检测、数据配置安全检测、设备安全检测以及漏洞检测。严格绑定卓明终端设备、主机设备以及网络设备的 MAC 与 IP 地址，避免出现地址欺骗、地质乱用情况。对网络安全管理系统、审计系统以及网管系统进行全面利用，做到实时有效监管信息设备。

构建生产安全体系。设立信息安全管理制度以及信息安全年度指标，促使各个基层单位重视信息安全检查工作，并做到及时有效的整改信息安全问题；对计算机网络使用人员以及运维人员进行信息安全培训；明确计算机信息网络安全界限，严格考核相关人员的操作行为，主要内容涵盖桌面终端注册率、保密协议签订、防病毒软件安装、定期进行补丁升级以及违规外联等情况，并严格处罚违规行为。

电力系统信息网络化建设要求电力人员必须定期评估网络安全情况，不断总结实际经验，对安全方案进行全面改进，只有这样，才能保证信息网络管理科学，计算机系统安全，促使电力系统实现健康发展。

第五节　计算机网络服务器日常安全和维护框架实践

随着信息技术的发展，计算机网络的应用范围不断拓展，在给人们的生产生活带来诸多便利的同时，也存在一些安全隐患。服务器作为计算机网络的核心，对于数据的共享速度以及信息安全的保障都有重要的意义。为了更好地发挥服务器的作用，需要对服务器进行定期的检查和维护，以确保网络系统的整体安全。本节从服务器的种类及工作环境要求等出发，结合当前网络服务器存在的一些安全问题，探讨网络服务器日常安全和维护的有效措施。

一、计算机网络服务器的分类及其工作环境

服务器是互联网的核心组成部分，其主要任务是对响应和处理客户端的服务请求，对计算机网络系统的整体运行速度有着非常重要的作用。不同的计算机网络环境，对服务器的需求也会有所不同。根据不同的计算机体系架构，服务器有 x86 与非 x86 两种服务器：前者的价格相对便宜，但兼容性相对较好，而其稳定性则相对较差，对于网络的安全无法得到全面的保证；后者稳定性较好、服务器自身的性能也比较好，但是，其自身的价格上相对较高，加大了网络建设的成本，此外，其网络体系较为封闭，不利于在大型网络系统中应用。按照服务器的层级不同，可以分为入门级、工作组、部门级以及企业级服务器等不同的种类，服务器的稳定性以及可扩展性来讲，入门级的最低，随着等级的提升，服务器的综合性能也越来越强，硬件的配置也相对较高，能够较好地满足专业化网络建设的要求，有效地提高网络运行的速度，保证数据处理的高效性，更好地满足人们的生产和生活需求。

计算机网络服务器在运行的过程中，对于周围的环境等也有一定的要求，这对其性能的实现以及运行质量等都有重要的影响。服务器要求适宜的温度，以保证其内部相关元器件以及逻辑电路等的稳定运行，在服务器的安装时，要选择通风良好的环境，并且加强温度控制。此外，服务器运行环境要控制其湿度。湿度过高时，可能产生一些锈蚀现象，而湿度过低则可能产生静电等，这些对于服务器的运行都会造成许多不利影响。电源的稳

定性也是服务器的必然要求之一，这对于其工作的持续性及稳定性等都有重要的意义，从稳定性的角度出发来保证计算机网络整体的运行安全。服务器运行的过程中，还要注意防静电措施的应用，以减少对服务器主板等的损害，保证电子元器件的运行安全。为了更好地保证服务器运行的整体安全，在其安装和应用过程中，要将保证除尘、防雷电等工作的同步性，以减少外部环境对服务器运行安全的损坏。

二、当前网络服务器存在的安全问题

计算机网络服务器的安全对于网络的正常运行有着重要的影响，当前的信息网络安全比较脆弱。互联网具有一定的开放性，开放网络环境下 IP/TCP 协议是通用的，作为底层的网络协议，其本身容易受到攻击，并且由于互联网在设计和运行所存在的一些缺陷，使得其脆弱性体现在互联网的不同环节。互联网设计时，未能充分的考虑用户环境等因素的影响，也未能将安全威胁考虑全面，为互联网及其所连接的计算机服务器以及整个系统带来了诸多的安全隐患。计算机互联网引用中，软硬件环境的不同，使得其运行中也给软件环境带来了诸多的问题。此外，网络攻击的普遍性以及难度相对较低，服务器所遭受外部攻击的可能性以及被攻击的频率也相对增加，这些都极大的威胁着计算机网络服务器整体的安全。而计算机网络信息保护条款设计上存在一些过于粗陋、不够细致等，使得网络保密相关的制度和规范未能得到有效执行。计算机网络服务器运行的过程中，管理人员的缺失以及日常维护管理的不足，都对服务器的正常运行安全造成了不利影响。

服务器的安全也存在多方面的安全。服务器作为计算机网络的核心部件，在计算机网络系统被攻击时，服务器处于首先被攻击的地位，这就使得服务器处于不利的地位。实践中，较为常见的问题主要有对服务器的恶意攻击，这主要是来自外部的网络病毒的入侵等。此外，是在对服务器恶意入侵的过程中窃取敏感信息，这些对服务器的安全运行以及网络整体的安全等都造成的极大的隐患。

三、计算机网络服务器的日常安全和维护

信息技术高速发展的背景下，计算机网络的应用范围不断扩大，对于网络安全的维护以及服务器日常安全和维护的重视成为一种必然的要求。在实践中，可以结合当前存在的一些问题，采取以下措施来加强对服务器的管理和维护，保证其日常安全。

第一，做好基本安全防范措施，保证网络服务器的日常安全和维护。服务器日常安全和维护中，要将基础工作做好，对服务器核心区域文件格式进行必要的设置和调整，提升安全等级。在服务器上和计算机上均安装正版杀毒软件，并且做好定期病毒排查和修复、做好病毒软件的更新等，从而保证服务器整体运行的安全。对于服务器的管理权限等进行必要的设置，由专人负责日常安全的管理和维护工作，避免服务器密码泄露等带来的安全问题。

第二，注重防火墙的建设和应用。在计算机网络服务器日常安全管理和维护框架实践的过程中，防火墙的建设对于计算机的安全运行有着重要的影响。为了更好地保证网络运

行和计算机的安全，便要定期进行防火墙的检查，做好 IP 地址的保密工作，减少非必要 IP 的公开。此外，对于电子邮件服务器以及 DNS 注册的 IP 地质等进行防火墙技术的处理，减少 IP 被攻击所带来的服务器及其网络整体安全的问题。此外，为了更好地保证服务器的安全，还要将一些不常用的通讯端口予以关闭，更好地起到隔离和防护的作用，保证系统的安全运行。

第三，做好相关备份工作。计算机网路服务器运行的过程中，要做好服务器故障的应对工作，对于一些重要信息及时予以备份，以保证信息的安全以及网路运行的有效性。在恶意病毒入侵或者服务器运行故障时，可能会造成数据的丢失等，从而会造成相应的经济损失，为了减少该种现象的发生，定期数据备份成为一种必然的要求，对于已经修改的数据及时地予以备份，并将一些重要的系统文件存储于不同的服务器上，减少其故障可能造成的损失，保证网络系统整体运行的安全。计算机网络系统日常安全和维护中，要针对本网络内部的情况，并且考虑服务器的运行状态等，对备份的周期进行必要的调整，保证备份的及时性和有效性，从而更好地保证服务器运行的安全。

第四，注重对脚本的安全维护。计算机网络服务器日常安全和维护中，脚本对于服务器的运行也有着重要的影响。服务器运行的过程中，由于服务器脚本不良等会遭受外部攻击而产生系统崩溃等现象，对于服务器和网络的正常运行产生不利影响。在服务器的日常维护中，为了保证网络连接的有效性，实现相关参数的传递，便要在加强防火墙等技术防护的基础上，完善脚本维护技术，以实现防火墙内部相关参数和信息的有效传递。服务器日常安全和维护的过程中，注重脚本格式以及脚本错误的常见形式，进行必要的修订，使其能够正常运行，保证网络系统整体的运行安全。

第五，对文件格式予以规范。实践中为了更好地实现网络服务器日常安全和维护框架，其文件传输的格式等要予以表要的调整和统一。结合计算机网络运行的实际情况，选择适宜的系统文件格式，选择系统所支持、能够在网络内部有效传输的文件格式，并且注重文件的加密性，增强系统运行和数据传输的安全性，更好的保证服务器的安全。通过文件格式的选择应用，并且做到分盘存储，对于文件设置传输权限，加强对敏感信息的识别和保护力度，更好的保证服务器运行的整体安全。

信息技术发展的过程中，计算机网络得到了广泛的应用，网络运行的安全问题也成为人们关注的重点。服务器作为信息网络的重要组成部分，其仍面临各种外部攻击及恶意入侵等问题，对于网络的安全造成了极大的隐患。为了更好地将计算量网络服务器日常安全和维护框架贯彻落实，便要不断地加强基础安全维护工作，通过系统内部结构等的调整来加强服务器的安全防护能力。此外，加强防火墙技术的建设和应用，更好地发挥其防护作用，通过对文件传输格式以及脚本技术的完善，提高服务器整体的运行质量，并且有效的保证其运行安全。

参考文献

[1] 范慧琳. 计算机应用技术基础 [M]. 清华大学出版社，2006.

[2] 侯希来. 计算机发展趋势及其展望 [J]. 科技展望，2017，27（17）：14.

[3] 廉侃超. 计算机发展对学生创新能力的影响探析 [J]. 现代计算机（专业版），2017（06）：50-53.

[4] 冯丽萍，张华. 浅谈计算机技术发展与应用 [J]. 现代农业，2012（08）：104.

[5] 冯小坤，杨光，王晓峰. 对可穿戴计算机的发展现状和存在问题研究 [J]. 科技信息，2011（29）：90.

[6] 尤延生. 项目教学法在高职院校教学实践中存在的问题及解决思路 [J]. 求知导刊，2016，0（20）.

[7] 胡卜雯. 高职院校公共英语语法教学中存在的问题及对策研究 [J]. 求知导刊，2016，0（36）.

[8] 岳旭耀. 高职院校设备管理中存在的问题及改进措施 [J]. 科学中国人，2015，0（9Z）.

[9] 贺嘉杰. 浅析计算机应用的发展现状和趋势探讨 [J]. 电脑迷，2017（2）.

[10] 张跃. 计算机应用现状及发展趋势 [J]. 船舶职业教育，2018.

[11] 赵洪文. 计算机应用的发展现状及趋势展望 [J]. 科技创新与应用，2018（2）：167-168.

[12] 喻涛. 试论计算机应用的现状与计算机的发展趋势 [J]. 通讯世界，2015（06）.

[13] 谢振德. 计算机应用的现状与发展趋势浅谈 [J]. 电脑知识与技术，2016（27）.

[14] 付海波. 试论计算机应用的现状与计算机的发展趋势 [J]. 数码世界，2017（11）.

[15] 梁文宇. 计算机应用的现状与计算机的发展趋势 [J]. 科技经济市场，2017（02）.

[16] 张跃. 计算机应用现状及发展趋势 [J]. 船舶职业教育，2018（01）.

[17] 刘青梅. 计算机应用的现状与计算机的发展趋势 [J]. 电脑知识与技术，2016（25）.

[18] 李成. 浅析计算机应用及未来发展 [J]. 通讯世界，2018（09）.

[19] 胡乐. 浅谈计算机应用的发展现状和发展趋势 [J]. 黑龙江科技信息，2015（2）：104.

[20] 王金嵩. 浅谈计算机应用的发展现状和发展趋势 [J]. 科学与财富，2015（10）：106.

[21] 王晓. 计算机应用的现状与计算机的发展趋势探讨 [J]. 科学与信息化，2018（31）.